科学の今を読む

宇宙の謎からオートファジーまで

中村秀生・間宮利夫［共著］
Hideo Nakamura & Toshio Mamiya

新日本出版社

はじめに

本書の出版に向け準備を進めていた2016年10月3日の夜、スウェーデンの首都ストックホルムからうれしい知らせが届きました。東京工業大学の大隅良典栄誉教授にノーベル医学・生理学賞が授与されることが決まったのです。細胞にたまったごみを分解して、生命活動の材料として再利用する、「オートファジー（自食作用）」というしくみを解明したことが評価されました。

本書は、「しんぶん赤旗」社会部科学班の中村秀生と間宮利夫が、雑誌『月刊学習』2010年3月号から2016年9月号までの「科学トピックス」の一部を抜粋し、加筆・修正したものです。冒頭のオートファジーをはじめ、広大な宇宙から目に見えないほど小さな細胞まで、自然界のあらゆる場所で起こっているさまざまな現象について、解明された事柄を、その意義とともに紹介してきました。

多くの研究者の方に取材協力・写真提供など、たいへんお世話になりました。この場を借りてお礼を申し上げます。なお、研究者の所属等については「科学トピックス」執筆当時のままとさせていただきました。

科学研究は文字通り、日進月歩です。この6年あまりを振り返っただけでも、100年前にアインシュタインが予言した「重力波」を実際に観測したり、日本の探査機「はやぶさ」が小惑星イトカワから微粒子を持ち帰るなどの偉業を成し遂げました。ゲノム（全遺伝情報）解読技術の進歩で、私たち現生人類がネアンデルタール人と混血していたことが明らかになるなど、10年前には考えられなかった事実が次々浮かび上がり、人類史を大きく塗り替えています。

一方、マグニチュード9・0の東北地方太平洋沖地震や、最大震度7の揺れが2度続いた熊本地震など、多くの人が命を奪われ、住むところを失う悲しい災害も相次いで発生しました。東京電力福島第1原発事故は、地震・津波への脆弱《ぜいじゃく》性など原発の危険性を指摘してきた私たちにとっても衝撃的な大災害を引き起こしています。人類の現在と未来を明るいものにしていくために、科学がいま何をなすべきかを問うているように思います。

しかし、日本の科学研究者はいま、行き過ぎた成果主義により、自由な発想でのびのびと研究できる環境を奪われています。大隅東工大栄誉教授は、ノーベル賞受賞が決まった後の記者会見をはじめ、機会があるごとに「ノーベル賞学者が毎年出ているなんて浮かれている場合ではない」と、現在の日本の基礎科学研究のあり方に警鐘を鳴らしています。科学者を軍事研究に動員しようとする動きも強まっている中、憲法9条とともに、科学の研究成果で世界の人々の幸せに貢献できるような日本の姿勢を求めていきたいと強く思います。

２０１６年10月

しんぶん赤旗社会部科学班　中村秀生・間宮利夫

科学の今を読む——目　次

宇宙の謎に挑む

科学の新たな地平

細胞の「掃除屋さん」オートファジーの不思議

生活をしていればたまるゴミ。もちろん、私たち生き物の体をつくっている細胞でも同じです。不要になったタンパク質など、細胞内のゴミを手当たり次第に膜で包み込んで分解してしまう「オートファジー」（自食作用）というしくみがあります。酵母からヒトを含む哺乳類まで、多くの生き物が共通してもっています。

オートファジーのしくみを解明した大隅良典・東京工業大学栄誉教授は、2016年のノーベル医学・生理学賞に輝きました。大隅さんの功績によって、オートファジーの分子機構や生理的機能について急速に理解が進みました。神経系の病気などとの関連性も明らかになり、医療への応用に期待が高まっています。この分野の発展には、吉森保《たもつ》・大阪大学教授、水島昇《のぼる》・東京大学教授ら日本人研究者が大きく貢献しています。

◇酵母菌研究での発見から

生命活動の重要な役割を担っているタンパク質。成人は1日60～80グラムのタンパク質を摂取・消化してアミノ酸を体内に吸収しています。一方、体内では、アミノ酸を材料にして1日160～200グラムのタンパク質が合成されています。材料のアミノ酸は食事だけでは足りません。いったい、どこから供給されているのか。

実は、タンパク質合成の材料となるアミノ酸の多くは、もともと体内にあったタンパク質を分解したものが再利用されているのです。

細胞内の分解システムは大きく2種類あります。一つは、「ユビキチン」という目印で特定した不要なタンパク質だけを狙いうちにして、酵素の複合体「プロテアソーム」で分解するしくみです。発見者には2004年のノーベル化学賞が贈られました。

もう一つのオートファジーは、タンパク質だけでなく、ミトコンドリアなどの細胞小器官を含めて何でもかんでも分解できる大規模な分解システムです。動物細胞の観察でオートファジーの現象自体は半世紀前から知られていました。しかし詳しいメカニズムや働きは謎でした。

ノーベル医学・生理学賞の受賞が決まり記者会見する大隅良典さん＝2016年10月3日夜、東京工業大学大岡山キャンパス

オートファジーの研究が花開いたきっかけは、酒の醸造などに使われる酵母菌の研究です。1988年に自分の研究室を立ち上げた大隅さん。当初は〝ゴミ溜め〟だと思われていた「液胞」と呼ばれる細胞内の構造のなかで何が起こっているのか、をテーマに選び、顕微鏡観察から研究をスタートさせました。そうしたなか、栄養飢餓状態にした酵母でオートファジーが起こっていることを発見。さらに、1990年代前半には、オートファジーに不可欠な遺伝子が少なくとも14個あることをつきとめました。

この発見をきっかけに、水島さんたちが哺乳類にも研究対象を広げ、次々に新たな知見が得られていきました。大小さまざまな細胞内成分を「オートファゴソーム」と呼ばれる脂質膜の袋で包み込んだ後、液胞（酵母や植物の場合）やリソソーム（哺乳類などの場合）に運び、液胞内の分解酵素で分解する——オートファジーの具体的なしくみについて、一気に研究が進展しました。

2000年代になると、非選択的に細胞内のものを壊すシステムだと考えられていたオートファジーが、特定の対象に狙いを定めて選択的に分解できることもわかってきました。

2015年6月、東工大の中戸川仁《ひとし》准教授や大学院生の持田啓佑さんたちの研究チームは、酵母を栄養飢餓状態にした実験で、小胞体や核のよ

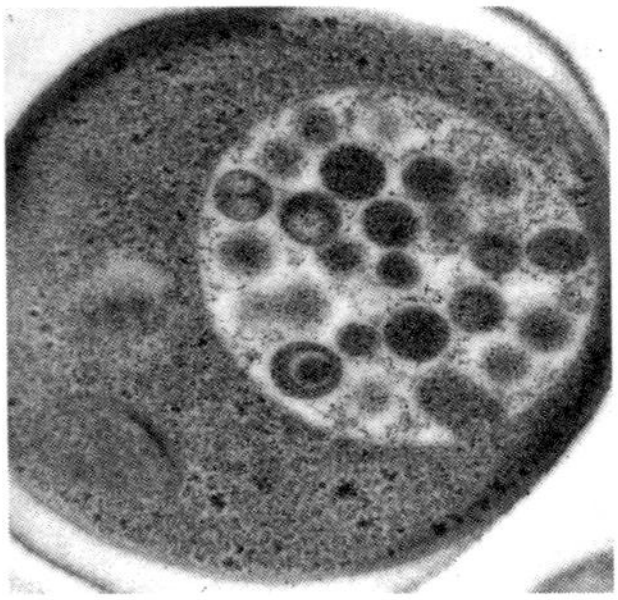

栄養飢餓条件にさらした酵母の細胞の電子顕微鏡像。右側の白い大きな球状構造が液胞で、その中に多数見られる球状の構造体のなかに分解対象である細胞質、小胞体、核などの一部が取り込まれています（中戸川仁さんたちの研究チーム提供）

うな小器官さえもオートファジーの標的となり、その一部がくびりちぎられて分解されていることを明らかにしました。とくに遺伝情報の保存と伝達を行う細胞の中枢部である核さえも〝分別収集〟されることは、研究チームにとって想定外でした。

研究チームは、細胞が飢餓に直面したときに小胞体や核を分解しようとする理由として、これらを分解することで蓄えた栄養をリサイクルするためか、あるいは、飢餓時に小胞体や核の中にたまる〝不良品〟を取り除くためではないか、と考えています。今後の研究が期待されます。

◇生理機能に深くかかわる

オートファジーが、さまざまな生理機能に深くかかわっていることもわかってきました。オートファジーが機能しないマウスが出生直後に死んでしまうことが実験で確認され、胎盤を通じた栄養供給が途絶えた飢餓状態時に重要な役割を果たしていることがわかりました。受精直後の初期胚の栄養維持にも必須です。

一方、飢餓状態に陥ったときだけでなく、細胞に侵入した細菌やアルツハイマー病などの原因とみられる異常タンパク質を積極的に分解していることも、吉森さんたちによって明らかにされてきました。

タンパク質の合成だけでなく、分解の役割が解き明かされるにつれ、生命の営みのダイナミズムに驚かされます。

（中村　秀生）

「役立つ」研究、「すぐに役立つものではない」研究

2015年のノーベル賞は、医学・生理学賞が大村智・北里大学特別栄誉教授に、物理学賞が梶田隆章・東京大学宇宙線研究所長に、それぞれ授与されました。昨年の赤崎勇《いさむ》・名城大学教授、天野浩・名古屋大学教授、中村修二・アメリカカリフォルニア大学教授の3人の物理学賞受賞に続くもので、日本の研究者がノーベルの遺言「人類のために最大の貢献をした人に与える」にもとづく賞を次々受賞したことを誇らしく感じた人が多かったと思います。

◆正反対に聞こえる言葉だが

ところで、受賞が決まった直後に2人が正反対に聞こえる言葉を発したことが話題となりました。大村さんが10月5日の記者会見で「人のために役に立つことはないか」と研究を続けてきたと述べたのに対し、梶田さんは6日の記者会見で「この研究は何かすぐに役に立つものではない」と述べたのです。なぜ、2人がこのような言葉を語ったのか、それはそれぞれが受賞するに至った研究の中身と密接に関係しています。

大村さんの授賞理由は「寄生虫の感染症に対する新たな治療法を開発」したことでした。具体的には、アフリカや中南米の風土病で、ブユによって媒介される寄生虫が引き起こす「オンコセルカ症」に有効な抗生物質を見つけ出したことでした。オンコセルカ症は、皮膚に激しいかゆみを発生させるだけでなく、失明に至る目の病気を引き起こします。世界的にも主要な失明原因の一つとされています。大村さんは、静岡県伊東市のゴルフ場の土壌から採取した細菌の放線菌がつくりだす「エバーメクチン」という抗生物質を発見。この抗生物質を製薬会社が改良した「イベルメクチ

ノーベル賞受賞で記者会見する梶田隆章さん＝2015年10月６日、東京大学本郷キャンパス

ン」は、当初、家畜の寄生虫病の治療薬として使われましたが、その後オンコセルカ症を引き起こす寄生虫への特効薬として使われるようになりました。イベルメクチンは、年間約３億人を失明の恐怖から救っているといわれます。祖母から教わったという「人のために役に立つことを」という大村さんの思いは、ノーベルの遺言と見事に重なります。

一方、梶田さんの授賞理由は「素粒子ニュートリノに質量があることを発見」したことでした。ニュートリノは、超新星爆発や太陽中心の活動、宇宙線と大気との反応などによってつくられる素粒子で、私たちの周りを無数に飛び交っていますが、プラスやマイナスの電荷を持たないため、ほかの物質とほとんど相互作用（衝突）せず、観測が困難です。素粒子物理学の「標準理論」では質量がないとされています。ところが、まれに起こる衝突を利用して観測できるようになると奇妙な現象が確認されました。米国で１９７０年から始まった観測では、太陽から来るニュートリノの数が予測より大幅に少なかったのです。

宇宙線研究所が岐阜県神岡鉱山（飛騨市）の地下１０００メートルに３０００トンの超純水を蓄えてつくった観測装置「カミオカンデ」でおこなった観測でも同じ現象が確認されました。梶田さんは、神岡鉱山の地下に新たに超純水５万トンを蓄えてつくった「スーパーカミオカンデ」による精密な観測で、上空の大気から来るニュートリノの数より地球の裏側から来るニュートリノの数が半分以下であることをつきとめました。これはニュートリノが飛行中に観測にかからない別の種類のニュートリノに〝変身〟するためだと結論づけたのです。

ニュートリノの変身は、「ニュートリノ振動」と呼ばれ、名古屋大学の牧二郎博士、中川昌美博士、坂田昌一博士が1962年に発表した理論などで予測されていました。しかし、それが起こるためにはニュートリノに質量がなければならないとされていました。つまりニュートリノ振動が起こっているということはニュートリノに質量があることを意味しているのです。梶田さんの発見は、素粒子物理学の〝常識〟を覆すものでした。1998年に岐阜県高山市で開かれた国際会議で梶田さんが研究結果を発表すると、国内メディアだけでなくアメリカ・ニューヨークタイムズ紙が1面で報じるなど、世界中から注目されました。

◇人類の知の地平線を拡大する

梶田さんは記者会見で「役に立つものではない」の言葉の後に「人類の知の地平線を拡大するような研究」と続けました。ニュートリノに質量があることがはっきりしたことで、現在の宇宙がどのようにして生まれたのかの解明につながると期待されています。宇宙の誕生から138億年後の今に生きる私たちのよってきたるゆえんを明らかにすることは、人類の未来を考えるうえで欠くことができない課題です。梶田さんが「人類のために最大の貢献をした人」であることは間違いありません。

（間宮　利夫）

〝試験管内の偉大な芸術〟にノーベル化学賞

2010年の「ノーベル賞ウイーク」は10月4日からでした。「医学・生理学賞」（4日）、「物理学賞」（5日）と進み、「今年は自然科学部門で日本人の受賞者は出ないのかな」と思いながら、ノーベル財団のホームページで「化学賞」（6日）の発表を見ていると、突然、日本人の名前が目に飛び込んできました。根岸英一《えいいち》・アメリカ・パデュー大学教授と鈴木章《あきら》・北海道大学名誉教授の2人でした。

◆クロスカップリング法の登場

リチャード・ヘック米デラウェア大学名誉教授を含む3氏の授賞理由は「有機合成におけるパラジウム触媒クロスカップリング」。クロスカップリング法の登場で、2種類の異なる有機化合物の炭素原子どうしを効率よく結び付け、複雑な構造の医薬品や先端技術材料も思いのままにつくれるようになったことが高く評価されました。発表したスウェーデン王立科学アカデミーは、クロスカップリング法を〝試験管内の偉大な芸術〟と呼び、たたえました。

現在、私たちの生活はプラスチックや医薬品など、炭素原子を「骨格」に持つ、さまざまな有機化合物抜きに成り立ちません。じつは、人間が有機化合物を利用するようになったのは今に始まったことではありませんでした。古代の人々が、病気になったりけがをしたとき、思わず口に含んだり患部にあてた植物の葉に薬効を見いだし利用するようになったのは、その1例にすぎません。

しかし、人間が有機化合物をみずからつくれるようになったのは19世紀はじめから。ドイツの化学者ウェーラーが、シアン酸アンモニウムという無機化合物を尿素に変えることに成功、有機化合物は生物の体の中でしかつくれないという〝常識〟を打ち破りました。これをきっかけに、有機化合物を人工的につくりだす有機合成化学の幕が開きました。

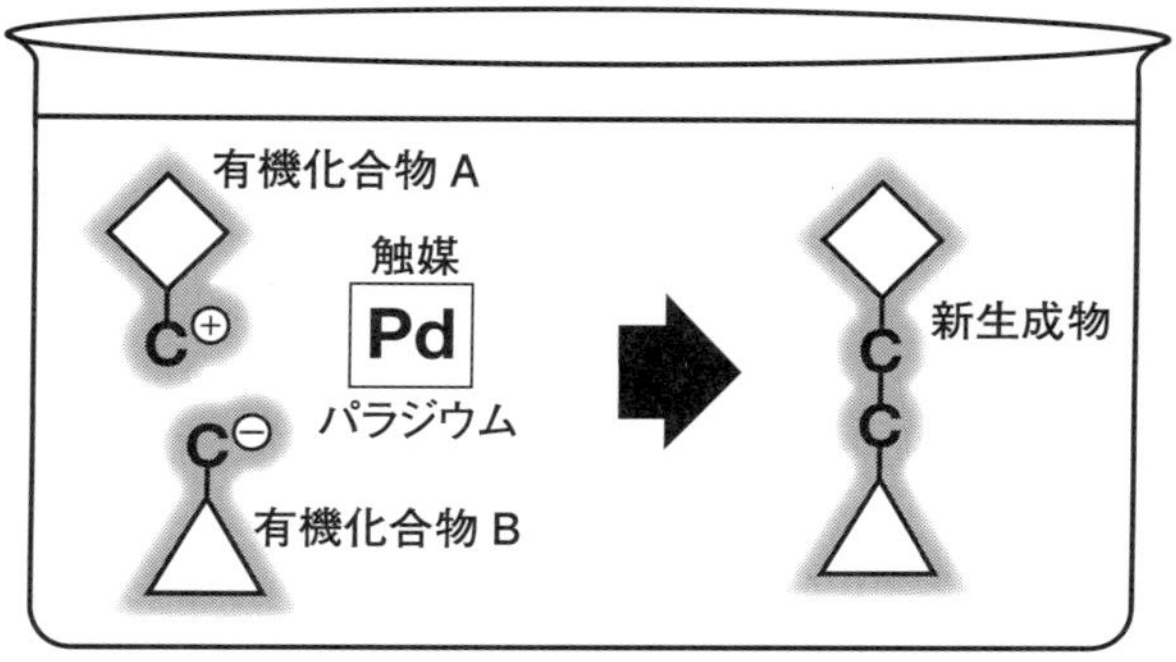

クロスカップリング法の概念図

　有機合成化学の基本は、炭素原子と炭素原子をつなぎ合わせる技術です。有機化合物の多くは、炭素がいくつも連なってできています。たとえば、プラスチック容器や包装用フィルムなどに使われているポリエチレンは、炭素原子2個と水素原子4個からなるエチレンという有機化合物が多数、炭素原子どうしでつながってできたものです。

　これまで数多くの、炭素原子どうしをつなぎ合わせる方法が開発されました。中には、「韃靼《だったん》人の踊り」などを作曲したことで知られる化学者、ボロディンによるものもあります。しかし、有機化合物中の炭素は化学的に安定で、ほかの有機化合物の炭素原子と容易に結合しようとしません。これまでの方法は、高熱を加えたり、強アルカリ性にするなど、かなり激しい条件のもとで炭素原子どうしをつなぎ合わせていました。

　しかし、激しい条件の反応は制御が難しく、不要な副産物が大量にできるなどの問題がありました。そこに登場したのがクロスカップリング法でした。つなぎ合わせたい二つの有機化合物の、一方の炭素を電気的にプラスにし、もう一方の有機化合物の炭素をマイナスにしたうえで、白金族の金属元素、パラジウムを加えると、パラジウム原子を仲立ちにして二つの有機化合物の炭素どうしを狙い通りにつなぎ合わせられるようになったのです。

◇有機合成の飛躍的発展

3氏の方法は、炭素原子を電気的にプラスにするやり方などが少しずつ異なりますが、いずれも、従来は不可能とされていた有機化合物をつくりだすなど有機合成の世界に飛躍的な発展をもたらしました。中でも鈴木名誉教授が開発した方法(鈴木カップリング)は、特別な施設も必要なく、手順さえわかればだれでも行うことができるため、広く利用されるようになりました。

ハワイの海に生息する腔腸動物、イワスナギンチャクがつくりだす猛毒パリトキシンは分子量が大きく複雑な構造をした有機化合物ですが、ハーバード大学の岸義人教授が1994年に合成に成功した際、鈴木カップリングが最後の決め手となったことから、その名声は一挙に高まりました。いまでは、高血圧の薬や殺菌剤の製造のほか、薄型テレビなどに使われる液晶の生産などが鈴木カップリングによって行われています。

クロスカップリング法は、有機合成の際の無駄を少なくするという点でも利点があります。有機合成は、有用な有機化合物を次々つくりだす一方、有害な副産物も生み出してきました。有機化合物の生産が活発になるにつれて、公害が頻発するようになったのは、そこに一つの原因があります。無駄を減らすことで、化学物質による環境汚染をなくしていく、そんな流れにもクロスカップリング法は貢献しようとしています。

(間宮　利夫)

「ヒッグス粒子」がひっくり返した世界観

２０１３年のノーベル物理学賞のテーマは大方の予想通り「ヒッグス粒子」でした。素粒子に質量を与えるヒッグス粒子は、１９６４年にイギリスの理論物理学者ピーター・ヒッグス博士が存在を予言。加速器実験による探索競争の結果、ついに存在が実証されたのです。当日、ヒッグス博士と連絡がつかず、発表は1時間遅れに。ヒッグス粒子が半世紀かけて発見されたと思ったら、今度はヒッグス博士が見つからない――。笑い話のようなエピソードが残りました。

◆質量獲得のメカニズムとは

素粒子のふるまいを記述する「標準理論」の大枠が構築されたのは１９７０年代。おもな柱は、①電子やクォークなど、物質を構成する粒子は12種類ある、②物質粒子に働く3種類の力を伝える粒子として、光子（電磁力）、グルーオン（クォーク同士を結びつける「強い力」）、Z粒子とW粒子（ベータ崩壊など粒子の種類が変わる現象を担う「弱い力」）の4種類がある、③粒子の質量の起源は、ヒッグス粒子が担う――というもの。既知のほとんどの素粒子現象を高い精度で説明できます。

これらの粒子は20世紀末にかけて次々と発見されました。トップクォーク（１９９５年）、タウニュートリノ（２０００年）の発見後、標準理論の〝最後の1ピース〟となったヒッグス粒子の発見が待たれていました。

現在の宇宙には、原子を構成するクォークや電子、電磁力を伝える光子が満ちています。これらを主役と呼ぶならば、粒子の質量の起源となるヒッグス粒子は〝影の主役〟と呼ぶのがふさわしいでしょう。

質量とは、ものの動きにくさを示す性質。仮に

「ヒッグスのような新粒子」の発見が発表されたときのフランソワ・アングレール博士（左）とピーター・ヒッグス博士＝2012年7月（CERN提供）

電子が質量ゼロだと原子は生まれません。ヒッグス粒子なしに、多様な物質や天体がある宇宙は存在しえないのです。

光子とグルーオン以外は質量をもち、最も重いトップクォークは陽子（水素の原子核）の１８０倍、最も軽いニュートリノは１００兆分の1とさまざま。粒子ごとに異なった質量を与える特別な役割を果たすのがヒッグス粒子、正確に言うと、「ヒッグス場」と呼ばれる空間の状態です。ヒッグス粒子は、ヒッグス場の空間の各点が震動する〝さざ波〟を粒子としてみたもので、加速器実験で高いエネルギーを得た真空に一瞬だけ姿を現します。

標準理論は、粒子が質量を獲得するメカニズムを、次のように説明します。

宇宙の誕生時には、すべての素粒子の質量はゼロで、ヒッグス場で満たされた真空の中を光速で飛び回っていた。１００億分の1秒後に宇宙の温度が１０００兆度まで下がると、突然、ヒッグス場の状態が、水蒸気が水になるように変化した（真空の相転移）――。状態が変化したヒッグス場が質量を与えるメカニズムは2通り。Z粒子とW粒子は、ヒッグス場がもっていたある成分をとりこんで自分自身の内部に質量を獲得します。一方、クォークや電子などの物質粒子は、ヒッグス場との結合の強さに応じて動きにくくなることで間接的に質量を得ます。ヒッグス場は〝1人2役〟を演じているのです。

ずいぶん複雑ですね。質量は、素粒子が生まれつきもっているのだろうと思ってしまいますが、標準理論は「力を伝える粒子は質量ゼロ」というルールを前提に成り立っています。現実には、W粒子とZ粒子は大きな質量をもっています。これをヒッグス場の状態の変化で説明したのです。

◆物理学の革命の真っただ中

真空がたんなる入れ物ではなく、粒子の性質を決める……。ヒッグス場の存在は、これまでの常識的な世界観を覆すものです。この考え方は、南部陽一郎博士が提唱した「対称性の自発的破れ」という概念が基礎になっています。実は、ヒッグス博士の論文は、「対称性の自発的破れが起これば存在するはずの粒子が、実際には存在していない」という矛盾を解決するために書かれたもの。後になって別の研究者が、ヒッグス場のアイデアを使って質量の謎を解いたのです。

興味深いのは、ほぼ同時期に3グループが同じ結論にたどり着いていたことです。とくに、今回ノーベル賞を共同受賞したベルギーのフランソワ・アングレール博士はロバート・ブラウト（故人）とともに、ヒッグス博士に先んじて論文を提出。ヒッグス粒子は、3人の頭文字から「BEH粒子」とも呼ばれます。

いよいよ完成の域に達した標準理論。しかし、素粒子物理学には広大な未知の領域が広がっています。標準理論は、宇宙のたった4％の物質を説明するにすぎません。暗黒物質の謎にヒントを与え、標準理論の適用限界を超える新しい物理法則として有望視される「超対称性理論」は、5種類のヒッグス粒子の存在を予言しています。私たちはいま、物理学の革命の真っただ中にいます。

（中村　秀生）

ヒッグス発見の次は？加速器実験新段階へ

万物を構成する素粒子に質量を与えるヒッグス粒子を２０１２年に発見した加速器実験が、２年間の改修工事を経て、２０１５年6月、パワーアップして再始動しました。前人未到の高エネルギー領域を実現することで、より根源的な自然の謎に挑みます。

スイス・ジュネーブ郊外にある欧州合同原子核研究所（ＣＥＲＮ）の大型ハドロン衝突型加速器（ＬＨＣ）。東京・山手線に匹敵する1周27キロメートルの巨大円形加速器です。陽子（水素の原子核）を光速近くまで加速し、反対向きに回る陽子どうしを正面衝突させます。この衝突で宇宙誕生直後のような超高温状態を瞬間的に再現し、未知の素粒子反応を探ります。

◇暗黒物質の正体解明へ

まず、新段階の実験にむけて、ＬＨＣがどのようにパワーアップしたのかをみてみましょう。

円形加速器で陽子を加速させるとき、強い磁石を使って軌道を曲げます。より大きな電流を超伝導電磁石に流せばより大きな加速が得られますが、そのぶん、何らかの異常で超伝導状態が維持できなくなったときのトラブルが深刻になります。そのため、全長27キロメートルにわたって並ぶ１２３２台の超伝導電磁石すべてで、保護回路の整備を2年間かけて実施。３５０人、のべ１０0万時間という膨大で地道な作業の積み重ねでした。

陽子の速度は、光速（秒速30万キロメートル）の99・９９９９７２５０４８７６％から、99・９９９９９８９５８７６４５％へと時速10キロメートルほど増速し、衝突エネルギーは8ＴｅＶ（兆・電子ボルト）から13ＴｅＶに。ヒッグス粒子の生成確率が3倍近く増えるほか、これまで検出できなかったような重い未知の粒子を発見できる可能性が一気に広がります。

２０１５年中に１０００兆回の陽子同士の衝突データを収集。その後もさらに衝突頻度を上げて、２０３５年までにその３００倍（30京回）の衝突データをためる計画です。生まれ変わったＬＨＣ。第２期実験でどんな成果が期待されるのでしょうか。

LHCのパワーアップのため、1232台の超伝導電磁石が並ぶトンネル内で整備作業が進められました（CERN提供）

科学者たちが最も熱い視線を注ぐのが、未知の素粒子「超対称性粒子」（ＳＵＳＹ《スージー》粒子）の探索です。ヒッグス粒子発見で完成をみた「標準理論」は、既知のほとんどの素粒子現象を精度よく説明できます。しかし、宇宙の約25％を構成する暗黒物質の存在が、標準理論に登場する17種類の既知の素粒子では説明できないなど、適用範囲に限界があることもわかっています。そこで、標準理論を超える新しい物理法則として有望視されているのが「超対称性理論」です。ＬＨＣは、超対称性理論が予言するＳＵＳＹ粒子の発見をめざします。

超対称性理論は、クォークや電子の仲間、光子、ヒッグス粒子などの既知の素粒子17種類のそれぞれに、「スピン」という性質が異なる相方が存在するという仮説。この相方であるＳＵＳＹ粒子が見つかれば、素粒子の種類は一気に倍増します。

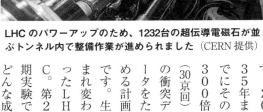

ＳＵＳＹ粒子は、ヒッグス粒子より先に見つかるという当初の期待に反して、いまだに見つかっていないことから、存在するとしてもこれまで想像されていたよりも生成しにくい（＝質量が大きい）ようです。衝突エネルギーの増強によって、過去の実験の限界の2～3倍も重い粒子が見えるようになります。

いずれにしても、衝突で生成したＳＵＳＹ粒子は、非常に重いため、どんどん軽い粒子に壊れていきます。最終的には、標準理論に登場する複数種類の素粒子と最も軽いタイプのＳＵＳＹ粒子2個になります。この、最も軽いタイプのＳＵＳＹ粒子こそ、暗黒物質の最有力候補です。

暗黒物質の正体解明にむけて、研究者たちはさまざまな方法で挑んでいます。地球を通り抜けている暗黒物質がごくまれに普通の物質と反応したときの信号をとらえる直接探索、宇宙空間で暗黒物質同士が衝突して消滅したときの痕跡をとらえる間接的な探索も進んでいます。探索競争でＬＨＣ実験が先んじて手がかりを得られるか、期待が高まります。

◇超小型ブラックホールも？

一方、ようやく発見したヒッグス粒子の性質の解明も、いよいよこれからです。ヒッグス粒子とそれぞれの素粒子との反応の強さを精度よく測定し、質量を与える詳細なメカニズムを探ります。超対称性理論は「少なくとも5種類のヒッグス粒子が存在する」と予言しており、それが証明できれば大発見です。

さらに根源的な謎にも迫れるかもしれません。理論分野では、重力を含む統一理論の探求が進行中。私たちの住む空間が3次元ではなく9次元だとする仮説が有望視されており、ＬＨＣ実験で超小型ブラックホールが生成する可能性もあります。

前人未到の挑戦を続ける実験チーム。新しい世界を人類に見せてくれることを期待したい。

（中村　秀生）

「日本発」の新元素が周期表の〝空席〟埋めた

理化学研究所の加速器実験チームが合成に成功した原子番号113の元素（113番元素）が、ついに新元素として正式に認定されました。国際純正・応用化学連合（IUPAC）が2015年の大みそかに発表。新元素認定の条件を満たす完璧な証拠となる3個目の合成に2012年に成功して以来、待たれてきた朗報は、元日付の新聞各紙の1面を飾りました。

発見者となった理研チームは、欧米以外では初めて元素の命名権を獲得。元素周期表に書き込まれる初の「日本発」の元素名として「ニホニウム」、元素記号「Nh」を提案しました。それは、構想から20年を超える理研チームの〝夢と努力の結晶〟ともいえるものです。

◇113番元素3個合成に9年

元素とは、化学物質を構成する原子の種類のことで、陽子の数（原子番号）で決まります。中性子の数が異なる同位体も元素としては同一で、化学的性質はほぼ同じです。元素を番号順に並べた元素周期表を「水兵リーベ僕の船……」などと語呂合わせで覚えた人も多いでしょう。

ロシアの化学者メンデレーエフが周期表を発表したのは1869年のことです。当時、知られていた元素は60種類ほど。原子番号92のウランよりも大きい元素は不安定で自然界にはほとんど存在しませんが、20世紀半ばから実験で次々と人工合成され〝発見〟されてきました。

今回、113番元素と一緒に、ロシア・アメリカの共同チームが合成した115、117、118番元素も新元素として認定され、周期表の第7周期までの4つの空席が埋まり1～118番までの元素がすべて揃いました。

３個目の113番元素合成に成功した後、実験装置の前で笑顔を見せた森田浩介さん
＝2012年９月、埼玉県和光市の理化学研究所

理研の森田浩介グループディレクター（九州大学教授兼任）は、１９８０年代に新元素の発見をめざして準備を開始。１１３番元素に狙いを定めて実験を始めたのは２００３年です。

実験は、粒子加速器を使って亜鉛原子（原子番号30）のビームを標的のビスマス原子（同83）に衝突させ、これらの核融合反応によって１１３番元素を合成します。ただ、亜鉛原子はほとんど標的をすり抜けてしまううえに、たまに衝突しても目的の反応はごくまれにしか起こりません。実験開始から1年近く経った２００４年7月、理研チームは１１３番元素の合成に初めて成功。さらに２００５年には2個目を合成しました。

一方、別の方法で実験を進めていたロ米チームは、半年早い２００４年2月に１１５番元素の合成に成功したと発表しており、それが崩壊する過程で１１３番元素ができたと主張。ほぼ同時期に、2つのチームが１１３番元素の発見者として名乗りをあげる事態になりましたが、いずれも、まだ根拠に乏しいとされました。

その後、ロ米チームは新たに１１７番元素の合成に成功し、１１５番元素と同じ経路で１１３番元素に崩壊するという実験データを補強。多数の１１３番元素をつくったと主張しました。ただロ米チームの方法は、１１３番元素が崩壊した後、既知の原子核になっていないため、厳密には〝素性がはっきりしない〟という弱みがありました。

理研チームは、合成した2個を113番元素と証明するための追加実験に加え、3個目の合成に挑戦。そして2012年8月、ついに3個目の合成に成功したのです。崩壊までの3個の平均寿命は約500分の1秒でした。

実験開始から9年。たった3個の元素合成のための亜鉛とビスマスの原子の衝突は400兆回で、発射した亜鉛原子は10垓《がい》個（100兆個の1000万倍）にのぼりました。森田さんは、百発百中の狙撃手を描いた漫画『ゴルゴ13』を引き合いに、「下手な鉄砲をたくさん撃った」と振り返ります。

3個目では、最初の2個とは別の崩壊パターンを観測。既知の原子核に崩壊した確証をとらえ、合成した113番元素の〝由緒正しさ〟を疑う余地なく証明しました。犯罪捜査に例えるなら、ロ米チームが目撃証言をたくさん集めたのに対し、理研チームは指紋を一致させたわけです。

◆エンゲルスが絶賛した偉業

約150年前、元素の化学的性質に周期性があることに気づき、周期表を発表したメンデレーエフ。科学的社会主義の創始者の一人、F・エンゲルスは著書『自然の弁証法』のなかで、周期表の空席にあたる未知の元素の存在や性質を予言したメンデレーエフに言及。当時は未知だった海王星の存在と軌道を予言した天文学者ルヴェリエになぞらえて、「ルヴェリエの業績に堂々と肩を並べられるほどの科学的偉業」と絶賛しました。そのメンデレーエフも、ここまで周期表が拡大するとはきっと想像しなかったでしょう。

理研チームなどは、119、120番元素の合成という次の目標にむけて始動しています。さらに重たい未知の元素のなかには、比較的安定なものが存在するという理論予想もあります。そこには私たちの想像を超える物質世界があるかもしれません。

（中村　秀生）

銀河の130億年も再現 〝望遠鏡〟の中の小宇宙

17世紀初頭に発明された天体望遠鏡は、人類に多くの知見をもたらしてきました。ガリレオの時代から望遠鏡の口径は巨大になり、宇宙空間にも飛び出し、観測する光の波長も可視光だけでなく赤外線、電波、X線などへと広がりました。人間の目による観測から、写真やCCD（電荷結合素子）技術の発展によって、かすかな天体も観測できるようになりました。宇宙誕生から間もない130億年ものはるか昔の銀河が放った光までとらえられています。

一方、観測とはまったく違う手法によって、天文学の新しい世界が拓かれつつあります。20世紀末から急速に発展した、計算機シミュレーション天文学です。

◇天文学スパコン「アテルイ」

2013年4月、岩手県にある国立天文台水沢VLBI観測所に、天文学専用スーパーコンピュータが導入されました。計算能力は、天文学専用スパコンとしては世界最速です。愛称は「アテルイ」。奈良時代から平安時代にかけて当地で活躍した蝦夷《えみし》の英雄で朝廷の軍事遠征に抗して勇敢に戦ったアテルイにちなんで命名されたもので、果敢に宇宙の謎に挑んでほしいという研究者たちの願いが込められています。

アテルイは、パソコンと同様のCPU（中央演算処理装置）を多数、高速回線でつないだ「スカラ型並列計算機」と呼ばれるスパコン。1秒間に502兆回という計算能力を、さらに2014年には倍増させました。

国立天文台の小久保英一郎・天文シミュレーションプロジェクト長は「望遠鏡では見えない宇宙をスパコンで再現して、実験的に宇宙を理解する

――〝理論天文学の望遠鏡〟だ」と説明します。

アテルイは、宇宙の謎にどのように迫るのでしょうか。「物理法則をもとにプログラムを作って数値計算することで、時空間的に望遠鏡では観測できない宇宙や天体現象を再現できる」と、小久保さん。惑星のスケールから宇宙の大規模構造まで、1秒に満たない爆発現象から130億年の銀河進化まで、再現できる空間的・時間的スケールは自由自在です。

天文学専用スパコン「アテルイ」（国立天文台提供）

天文学シミュレーションが強みを発揮するのは、多体計算（重力で引き合う多数の粒子のふるまい）、流体計算（ガスのふるまい）、輻射輸送計算（光・エネルギーの伝わり方）など。ガスのかたまりから誕生し爆発で最期を迎える星の一生、ブラックホールに物質が吸い込まれる現場、地球と月が誕生した歴史、惑星系の誕生の瞬間……。さまざまな天体現象が〝観測〟の対象です。

すでにアテルイを使った天文学シミュレーションが、これまで謎だった超新星爆発の過程を解き明かしつつあります。太陽の10倍以上の重い星は、赤色巨星に進化した後、自分自身の重力でつぶれて中性子星になります。誕生した中性子星からは高エネルギーの素粒子ニュートリノが噴き出し、中性子星の外側の物質を吹き飛ばして超新星爆発が起こるという理論仮説が有力視されてきました。しかし、国立天文台の従来型スパコンでは計算能力の制約から多くの仮定を置いた荒っぽい計算をせざるを得ず、理論どおりのシナリオで爆発が起こっているのかどうか再現できませんでした。滝脇知也特任助教は、アテルイを使った3次元シミュレーションで、複雑な物理過程を入れた高解像度の計算を実施。星がニュートリノで加熱されて爆発する様子を再現することができました。

ダークマター（暗黒物質）が重力でガスを引き寄せて星や銀河が生まれる過程など、宇宙進化の真相にどこまで迫れるか。期待が膨らみます。小久保さんは、土星の輪のきれいな模様がどうやってできたのかという惑星形成の謎解明をめざします。

◆〝新たな車輪〟で科学推進

計算機シミュレーションの対象となるような、ある現象を支配する法則は分かっているけれども簡単に予測できない複雑な事象は、天文学に限らず無数にあります。地球温暖化の予測、ウイルスの増殖や感染のしくみ、豪雨や竜巻の再現、半導体の中の電子の状態、渋滞のメカニズム、素粒子の振る舞い……。２０１１年に発生した福島第１原発事故では、シミュレーションによる地震・津波予測が無視されていたことが問題になりました。自然科学だけでなく社会科学や災害での避難行動の予測などでも有望視されます。

理論仮説にもとづくシミュレーション結果と現実の観測・実験結果とを相互比較しながら、仮説の正しさの検証と観測・実験の限界を超えた現象の把握が進むのです。

人類の長い歴史のなかで、理論と観測・実験とが「車の両輪」となって発展してきた科学。いまや計算機シミュレーションは新たな車輪として不可欠な手法となっています。

（中村　秀生）

アインシュタインの宿題 ついに重力波とらえた

アインシュタイン博士の予言から１００年。ついに、時空のさざなみ「重力波」が直接観測されました。

アインシュタインが提唱した一般相対性理論によると、質量の存在によって、物体の周囲の空間にゆがみができます。物体が加速度運動すると、空間のゆがみが波として光速で広がります。この波動現象が重力波です。

アメリカの天文学者ハルスとテイラーは、双子の中性子星が放つ周期的な電波を観測し、周期の変化が重力波放射から予想される変化と一致することを１９７９年につきとめました。それが重力波の存在の間接的証拠とされ、２人は１９９３年のノーベル物理学賞を受賞しました。

重い天体の近くで光が曲がる「重力レンズ効果」や水星の軌道のずれなど、一般相対性理論の予言が次々に証明されてきたなか、重力波の信号はあまりに微弱で直接検出が難しく「アインシュタインからの最後の宿題」と言われていました。

◆ブラックホール同士の合体

「われわれは、ついに捕まえた」

アメリカの重力波望遠鏡ＬＩＧＯ《ライゴ》観測チームが高らかに宣言したのは、２０１６年2月11日のことです。

ＬＩＧＯは、1辺4キロメートルの〝巨大な三角定規〟です。直交する2本の真空パイプ（腕）の中にレーザー光線を往復させ、重力波が到来したときに空間がゆがんで2本の腕の長さに差ができるのをとらえるしくみ。双子の中性子星の合体や超新星爆発でブラックホールが誕生する瞬間など、重い物体が激しく動く天体現象が、おもな観測ターゲットです。

建設が進む重力波望遠鏡「かぐら」。目玉装置「クライオスタット」（中央）**は、空間のゆがみ検出のじゃまになる熱振動を抑えるため、内部のサファイア鏡をマイナス253度まで冷却します**＝2015年11月

２０１５年９月14日、ワシントン州とルイジアナ州に設置されたＬＩＧＯの観測装置２基が、ほぼ同時刻に特徴的な信号をキャッチ。データはすぐさま観測チームの世界中のメンバーに自動配信されました。最初に気づいたのは遠く離れたドイツの研究者。あまりにも信号は明瞭で、当初、試験のために人為的に挿入された偽信号と疑われたといいます。

詳しい解析の結果、13億年もの昔にブラックホール同士の合体で発生した重力波が、13億光年の距離を伝わり、まさに地球を通過した――そのわずか０・２秒の決定的瞬間をとらえていたことが判明しました。

検出に成功した空間のゆがみは、０・００００００００００００００００００００１程度。観測装置の４キロメートルの腕の長さの伸び縮みは、陽子（水素の原子核）の直径よりも小さいものでした。

波形データは、ブラックホール合体の理論予想による重力波とぴったり一致。そのときの様子が詳しく推定されました。太陽の約36倍と29倍の質量をもつ２つのブラックホールが、互いの周りを回りながら回転速度を上げて接近し、衝突・合体して１つになった。最終的にできたブラックホールの質量は太陽の約62倍となり、残りの太陽３個分の質量が重力波のエネルギーとして放出されたというのです。約3000キロメートル離れた2基の観測装置に届いた信号の時間差（0・007秒）から、大雑把な到来方向も推定されました。

検出されたのがブラックホール合体による重力波だったことは、科学者のさらなる興奮を呼び起こしています。というのも、ブラックホール合体は理論で予測されていたものの、重力波のほかに観測手段がなく、いったい宇宙でどれくらいの頻度で起こっているのか見当もつかなかったからです。強い重力波を発生させる天体現象が思ったよりも多く起こっている可能性を予感させました。

◇天文学の新しい扉を開いた

日本でも、岐阜県の神岡鉱山の地下で重力波望遠鏡「かぐら」の建設が進められ、2017年度中の本格観測をめざしています。欧州に設置されている観測装置とあわせ、地球上の遠く離れた複数の観測網によって、重力波の到来方向を正確にとらえることが期待されています。

1609年にガリレオが製作した望遠鏡は、人類の宇宙観をがらりと変えました。20世紀に発展した赤外線や電波、X線などの新たな観測手段は、肉眼では想像もしなかった躍動的な宇宙の姿を映し出しました。

今回の歴史的な一歩は、天文学の新しい扉を開きました。人類は、光（電磁波）を観測する〝目〟に加えて、重力波を観測する〝耳〟を手にしたのです。光による観測の限界を超えて、宇宙誕生の瞬間に迫る可能性を広げました。宇宙誕生時の急膨張「インフレーション」によって発生する「原始重力波」をとらえようという将来計画も進んでいます。

ＬＩＧＯ観測チームは会見で、とらえた重力波データを音声に変換して披露しました。まるで小鳥のさえずりのようなその音は、新しい時代の到来を告げるファンファーレのように思えました。

（中村　秀生）

「放射能」発見100年余 ベクレルらの予言と原発

2011年3月11日に発生した福島第1原発事故は、大量の放射性物質を大気や海や土壌に放出し、今もなお人々の健康と暮らしを脅かしています。ニュースなどで聞かれるのが、放射能の強さを表す単位「ベクレル」です。

放射能とは、原子核が自発的に、アルファ線、ベータ線、ガンマ線などの放射線を放出する性質・能力のことです（放射性物質のことを放射能と呼ぶこともあります）。どの種類の放射線を放出するかは、放射性物質の原子核の種類（核種＝原子核を構成する陽子と中性子の数の組み合わせで決まる）によって異なります。放射性原子核が放射線を放出して他の原子核に変化することを崩壊といい、ベクレルは、1秒あたりに崩壊する原子核の数を指します。

原子番号53（陽子数53）のヨウ素は、自然界ではほぼ100％が安定なヨウ素127（中性子数74）です。原子炉内でできるヨウ素131（中性子数78）は不安定な原子核（放射性物質）で、ベータ線を放出して中性子が陽子に変わり、原子番号54のキセノン131に崩壊します。

事故発生から数日後、首都圏を含む広い領域で、水道水から1キログラム（1リットル）あたり100ベクレルという乳児の規制基準値を超えるヨウ素131が検出されました。これは、ヨウ素131が毎秒100個以上、ベータ線を放出してキセノン131に崩壊することを意味しています。この反応にともない、キセノン131の原子核がガンマ線を放出して不安定な状態から安定な状態に変わります。この結果、ヨウ素131の原子数は減り、約8日（半減期）で半分になります。

◇物理学が急発展した時代

自然界にも、鉱石などの天然資源に含まれる放射性物質、宇宙から地球に降り注ぐ宇宙線などの放射線が存在しています。

しかし人類が「放射能」を発見したのは、たかだか100年ほど前の出来事です。発見したのは、フランスの物理学者アントワーヌ・アンリ・ベクレル（1852～1908年）。放射能の単位は、その名にちなんだものです。彼が活躍した19世紀末から20世紀初頭は、物理学上の大発見が相次いだ時代でした。

アントワーヌ・アンリ・ベクレル

契機となったのは1895年、ドイツの物理学者ヴィルヘルム・レントゲンによるX線の発見です。透過力が高く、身体も〝透視〟できる不思議な性質から正体不明の「X線」と名づけられ、発見のニュースは世界を驚かせました。レントゲンは1901年、初のノーベル物理学賞を受賞。レントゲン写真など、現在も医療などへのX線の応用が進んでいます。

一方、パリの学者一家に生まれたベクレルは、燐光《りんこう》（光を当てた物質が残光を放つ現象）や偏光、結晶による光の吸収などを研究していました。X線発見の報を聞いたベクレルは、X線と燐光現象に何か関係があるのではないかと考えました。応用物理学者の父親から譲り受けた、燐光物質として知られるウラン化合物を調べ、翌1896年にX線とは異なる未知の放射線を出すことを発見。「ウラン線」と命名しました。

この発見に関心をもったポーランド出身のフラ

ンスの化学者マリー・キュリーは夫ピエールとともに実験を進め、強い放射能をもつ新元素ポロニウムとラジウムを1898年に発見し、放射線を出す性質を「放射能」と名づけました。この功績でベクレルとキュリー夫妻は1903年のノーベル物理学賞を受賞しました。

◆不幸な〝実用化〟の第一歩

一連の発見は人類の自然観を大きく揺るがし、物理学は急速に進展しました。20世紀、中性子の発見を経て、人類は1938年、ついに原子力エネルギーを取り出すカギとなる核分裂現象を発見。核分裂の連鎖反応によって、膨大なエネルギーを取り出す可能性が明らかになりました。

しかし不幸なことに、そのころ第2次世界大戦が勃発。原子力エネルギーの最初の〝実用化〟は、平和利用目的ではなく、原爆開発という最悪の道をたどりました。終戦後、原子力発電の実用化がスタートしますが、政治的にも技術的にも軍事のくびきから逃れられませんでした。

ベクレルは、放射能について次のように述べています。「現象はとびぬけて興味深いものではあるが、そのエネルギーはほとんど利用されていない。物質の個々の原子に閉じ込められている膨大なエネルギーを実用に供するまでに科学が進歩するかどうかは、未来だけが答え得る問題である」（『20世紀の物理学』1999年、丸善）。一方、ピエール・キュリーは「ラジウムが犯罪者の手にわたれば、非常に危険なものになることも考えられる。こうして、自然の秘密が人類を益するか否かという疑問が生じる……」（同）と負の側面を警告しました。

原発という巨大システムが制御不能となり、深刻な事態に陥った状況は、人類に放射能を扱う資格と能力があるのかを問うているのかもしれません。

（中村　秀生）

人類の誕生・進化

第四紀の始まりと人類の多様化

現代は、「第四紀」と呼ばれる地質時代区分に属しています。２００９年、国際地質科学連合（ＩＵＧＳ）は第四紀の始まりを、これまでより約80万年さかのぼる２５８万年前とすることを決めました。日本地質学会など、国内の関連学会が人々に広く知らせる取り組みを進めています。

かつて、地球の歴史は第一紀から第四紀まで四つの時代に区分されていました。第一紀は主として化石を含まない火成岩を、第二紀は現在では見られない生物の化石を含む地層を、第三紀は現在見られるものに似ていて形が少し違う生物の化石を含む地層を、それぞれ表していました。しかし、いずれも現在では使われなくなりました（第三紀は、日本の地質時代区分では新第三紀、古第三紀にその名をとどめていますが、もとの第三紀とは意味が異なります）。

◆地球の寒冷化の進展

第四紀は、もともと地球上に人類が現れて以後の時代を指していました。このため、第四紀は「人類の時代」とも呼ばれます。その後、第四紀の研究がさかんになり、この時代のさまざまな特徴がしだいに明らかになってきました。その一つが、地球の寒冷化の進展です。

現在の地球は、極地とその周辺などが厚い氷の層、氷床に覆われています。地球はいまより暖かい時代が長く続いていましたが、あるときから寒冷化が進んで、極域にできた氷床が拡大と縮小を繰り返すようになったことがわかってきました。氷床の拡大と縮小が起こるようになったときが、第四紀の始まりと考えられるようになったのです。

１９８３年、イタリアのブリカというところに

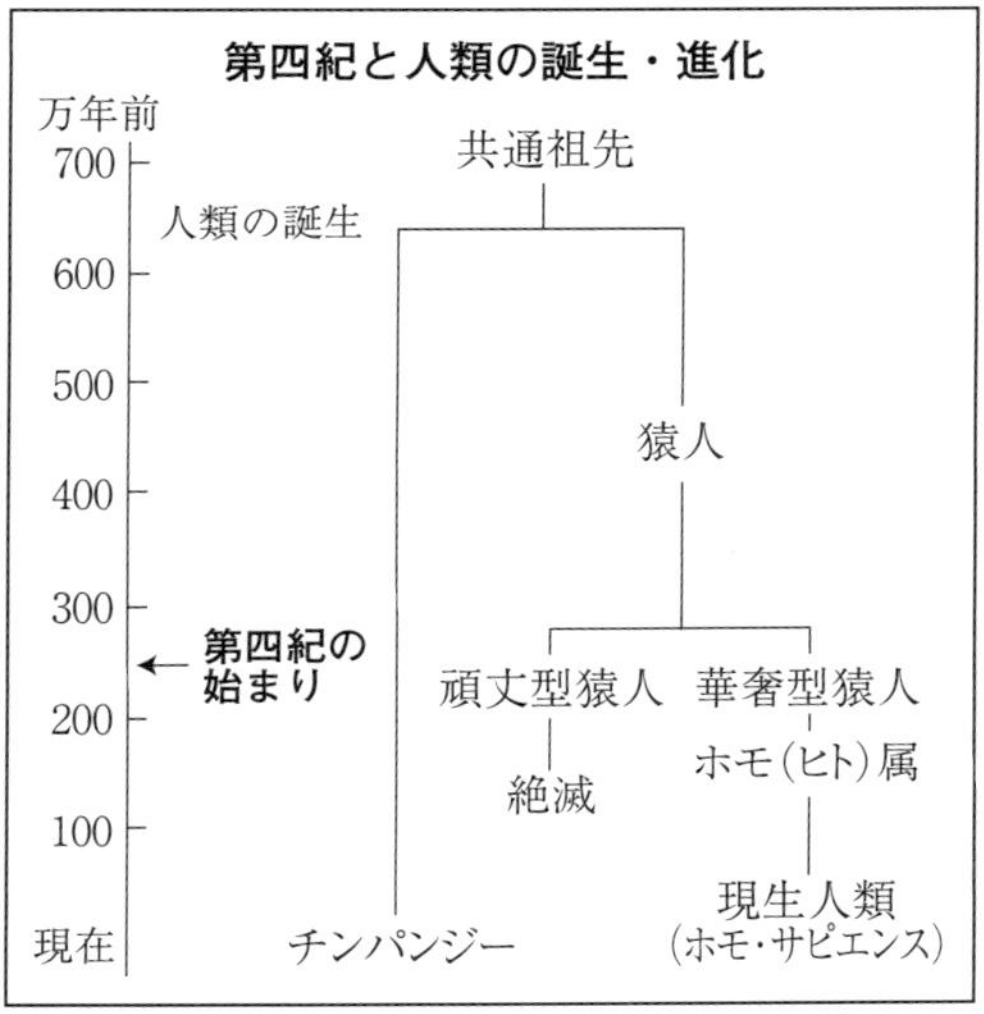

ある地層をもとに、第四紀の始まりは約181万年前と決められました。しかし、当時から、この時期に氷床の拡大と縮小が始まったとはいえないとする異論があり、議論が行われてきました。

そして近年、過去の気候変動の様子を調べる研究が大きく進展し、海底に堆積《たいせき》した植物プランクトンの化石に含まれる酸素同位体の比率から、氷床が拡大した時期と縮小した時期を正確に再現できるようになりました。その結果、第四紀の始まりは約258万年前へ変更されることになったのです。

なぜ、このころ、地球の寒冷化が進んだのでしょうか。それは、275万年前ごろ、それまで別々に分かれていた北米大陸と南米大陸がパナマ地峡で結びついたことが原因とする見方があります。海流が大きく変化して暖かな海水が大西洋を北上したため、北極周辺に大量の水蒸気がもたらされ、この水蒸気が冷えて氷床を発達させたというのです。

第四紀の始まりとして新たに定義された258万年前ごろは、人類の進化にとって大きな意味を持っています。私たち、現生人類（ホモ・サピエンス）を含むホモ（ヒト）属の出現と大きなかかわりのある時期と考えられているからです。

人類は、700万〜600万年前ごろアフリカでチンパンジーとの共通祖先から分かれ誕生したと考えられています。長い間、脳の大きさも体つきもチンパンジーによく似た猿人と呼ばれる段階が続きました。二百数十万年前、変化の兆候が現れました。猿人は頑丈型と華奢《きゃしゃ》型の2タイプに分かれたのです。

頑丈型猿人の最大の特徴は、巨大な奥歯と顎《あご》です。頭にはウルトラマンのような突起を持つものも現れました。地球の寒冷化に伴って乾燥化したアフリカで比較的容易に手に入るのは植物の根や木の実でした。これらの堅い食べ物を砕いたり、すりつぶせるよう、奥歯と顎を発達させたとみられています。

◆環境変化に対応した人たち

一方、華奢型猿人は環境の変化に対応して、頑丈型猿人とは違う適応をした人たちと考えられています。その適応とは、肉食をすることです。狩猟をしていたのか、死肉あさりだったのかは、はっきりしていませんが、当時の地層から見つかる動物の骨の化石には、石器で肉を取るときについたとみられる傷や、骨髄を取り出すために割られた跡が残っているものがあります。

肉食を始めた華奢型猿人から、脳を大きく発達させた新たな人類が出現しました。それがヒト属です。脳は、体全体からみると小さな器官にすぎませんが、大量のエネルギーを消費します。高い栄養価を持つ肉を食べることで、人類は初めて大きな脳を手に入れたと考えられています。

その後、ヒト属はさらに脳を大きく発達させていきました。約20万年ほど前アフリカに出現したとみられるホモ・サピエンスは、8万～5万年ほど前、アフリカを出て全世界へすみかを広げ、今日の繁栄を築きました。第四紀の始まりはヒト属の夜明けでもあったのです。

（間宮　利夫）

人類はいつ〝人間〟になったのか

アメリカの科学誌『サイエンス』（2012年6月14日号）に、国連教育科学文化機関（ユネスコ）が世界遺産に登録しているスペイン北部のエルカスティーヨ洞窟壁画の中に4万年以上前に描かれたものがあることがわかったという論文が掲載されていました。これまでは約3万2000年前に描かれたフランスのショーベ洞窟の壁画が最古とされていたので、1万年近くさかのぼることになります。

◆芸術的能力を身につけたのは

壁画の年代が重要な意味を持つのは、現生人類（ホモ・サピエンス）がいつ、どのように現代人と同じ〝人間〟になったかを解き明かすかぎの一つとみられているからです。ショーベ洞窟の壁画をはじめ洞窟壁画には、野生のウシやウマをはじめ、たくさんの動物が生き生きと描かれており、当時の人々の〝芸術的能力〟の高さを示しています。現生人類がこのような能力をいつ、どのように身につけたのかは、人類学上の大きな謎の一つとなっています。

現生人類は20万年ほど前アフリカで生まれ、世界各地に広がったとする説が有力です。この説は細胞内小器官のミトコンドリアのDNAの解析結果によって強く支持されており、実際にアフリカ東部のエチオピアからは約19万年前と約16万年前の現生人類の化石が見つかっています。現生人類がアフリカを出たのは8万～5万年前と考えられていますが、当時の人々がどのような能力を持っていたのかはよくわかっていません。出アフリカのルートとして最も可能性が高い、アフリカの角（アフリカ北東端）からアラビア半島にかけて、当時の遺跡があまり見つかっていないのです。

　今回の研究結果が示す、最古の壁画が描かれた4万年以上前という年代は、ヨーロッパに現生人類が到達した4万数千年前という年代とほぼ一致するか、やや遅いだけです。現生人類はヨーロッパに到達した時点で、すでに高い芸術的能力を持っていた可能性があるだけでなく、出アフリカを果たした時点で、そうした能力を備えていた可能性があることを示しています。

　これを裏付ける証拠が、アフリカ最南端の洞窟にあります。南アフリカのインド洋に面したがけの中腹にあるブロンボス洞窟です。この洞窟は、10万年以上前から現生人類によって利用されていたことがわかっています。ノルウェーにあるベルゲン大学の考古学者、クリストファー・ヘンシルウッド教授たちは長年にわたってブロンボス洞窟で調査を続けています。

　この洞窟からはこれまでに、現生人類が残した数々の遺物が見つかっていますが、そのなかでも特筆すべきはヘンシルウッド教授たちが2004年に発表した7万5000年前につくられたビーズです。巻き貝の殻のふちのところに穴が開けられていました。全部で41個見つかり、穴にひもを通して装身具として用いたと考えられています。アフリカ東部のケニアや、東欧のブルガリア、そしてトルコでは４万年ほど前にダチョウの卵の殻や貝殻でつくったビーズが見つかっていますが、これほど古い時代のものはブロンボス洞窟以外では見つかっていません。

◇10万年前から顔料を使用

ヘンシルウッド教授たちは２０１１年、さらに重要な発見について報告しました。この洞窟にすんでいた現生人類は、10万年前から赤い顔料を体に塗るなどしていたとみられることがわかったというのです。顔料は鉄の酸化物からなるオーカーと呼ばれるもの。溶かした状態のオーカーを入れておいたらしいアワビの貝殻が見つかったのです。現生人類がオーカーを装飾に利用していたことを示す証拠は世界各地で見つかっていますが、ブロンボス洞窟で見つかったものは飛びぬけて古いものでした。

かつて、ヨーロッパで古い時代の洞窟壁画が見つかったことから、現生人類誕生の地はヨーロッパだとする考えがありました。しかし、こうしてみてくると、文化の面からも現生人類誕生の地はアフリカだということが疑いのないものであることが明らかだと思います。アフリカを出て世界各地へ広がった現生人類が旅の途上で残したさまざまな遺物が、いまだ未発見のまま地球のどこかに埋もれているかもしれません。

（間宮　利夫）

現生人類の成り立ちに新展開

現在、地球上に暮らす全ての人々は、顔の形、体の大小、皮膚や目、髪の毛の色の違いにかかわらず、ホモ・サピエンスという一つの種です。現生人類はどのように成立してきたのか――。この間、主に二つの説が提案され、激しく議論がたたかわされてきました。「多地域進化説」と「アフリカ単一起源説」です。

多地域進化説は、180万年ほど前にアフリカ大陸で誕生した原人（ホモ・エレクトス）段階の人たちがユーラシア大陸各地に広がり、それぞれの地域で独自に現生人類へ進化したとするものです。ヨーロッパのネアンデルタール人、アジアのジャワ原人、北京原人など、各地に現生人類より前の原始的な形態の人たちがいたことなどから、この説は、一時、広く受け入れられました。

◇アフリカから世界各地へ

一方、アフリカ単一起源説は、アフリカ大陸で誕生した現生人類が、その後ユーラシア大陸を経てオーストラリアや南北アメリカなど世界の隅々に広がったとするものです。アフリカ大陸では、ほかの地域より古い時代の現生人類の化石が見つかっていたことなどから、この考えが生まれました。この説が大きな脚光を浴びる転機となったのは、アメリカの研究グループによるミトコンドリアDNAを使った研究でした。

ミトコンドリアは細胞内の小器官で、細胞核とは別のDNAをもっています。ミトコンドリアは母親のものだけが子どもに伝わり、そのDNAは時間とともに突然変異をくり返します。このため、ミトコンドリアDNAの違いを調べることで、人々の系統関係を明らかにできます。研究グループは、世界のさまざまな地域出身者のミトコンドリアＤＮＡを比較し、現生人類は20万年ほど前アフリカ大陸で誕生したことがわかったと発表しました。

その後、ミトコンドリアＤＮＡなどの詳細な研究から、現生人類がアフリカ大陸を出たのは８万～５万年前と推定されました。アフリカのエチオピアでは、16万年前の現生人類の化石が見つかりました。

このように、アフリカ単一起源説を支持する証拠が次々明らかになり、現生人類の成り立ちをめぐる議論は、ほぼ落ち着いたかにみえました。

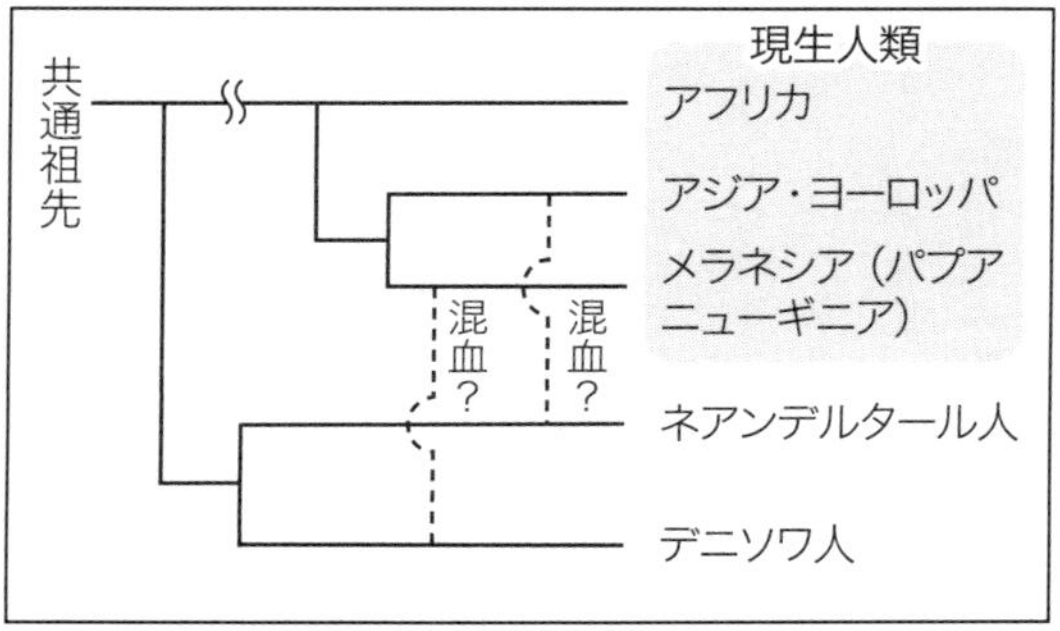

ペーボ博士らが明らかにした人類の系統関係

さらに、アフリカ単一起源説では、現生人類が出現するより前から世界各地に住んでいた人たちは、すべて現生人類に置き換わったとされてきました。現生人類と住んでいた場所や時期が重なることがわかっているネアンデルタール人も、混血することなく絶滅したと考えられていました。

ところが２０１０年5月、ドイツ・マックスプランク進化人類学研究所のスバンテ・ペーボ博士率いる研究グループが発表した二つの論文が、この問題に新たな波紋を広げました。

◇混血した可能性あると発表

ペーボ博士たちはネアンデルタール人の核のＤＮＡ（ゲノム＝全遺伝情報）を解読することに成功。アメリカ科学誌『サイエンス』に、ネアンデルタール人と現生人類が混血していた可能性があると発表しました。解読結果をアフリカやパプアニューギニア、中国、フランスで生まれた５人の現生人類のゲノムと比較した結果、混血した可能性が浮かび上がったといいます。

ペーボ博士たちは２０１０年末、科学誌『ネイチャー』誌上でさらに驚くべき発表をしました。西シベリア南部のアルタイ山脈にある洞窟で見つかっていた謎の人類の骨から取り出した核のＤＮＡを解読することに成功。この人類も現生人類と混血した可能性があるというのです。

約４万年前に生きていたこの人類は、洞窟の名前を取ってデニソワ人と呼ばれています。ペーボ博士たちは２０１０年３月にミトコンドリアＤＮＡを使った研究で、デニソワ人はネアンデルタール人でも現生人類でもない未知の人類であることが明らかになったとしています。

さらに、核のＤＮＡの解読結果を、ネアンデルタール人や現生人類のものと比較した結果、デニソワ人はネアンデルタール人と64万年前ごろ分かれた姉妹種とわかったといいます。しかも、パプアニューギニアにすむ現生人類の核のＤＮＡとわずかながら共通部分があることもわかりました。これは、デニソワ人が現生人類と混血していたことを示すとしています。

ペーボ博士たちによる古人骨から取り出した核のＤＮＡの研究により、現生人類の成り立ちに、新たな視点を提供しています。

（間宮　利夫）

意外と多様だった、旧石器人の生活スタイル

日本列島に住んでいた旧石器時代の人々が、地域ごとに異なる生き方をしていたことが、明らかになってきました。従来は、大型動物をしとめる有能なハンターというイメージが強かった旧石器時代人でしたが、地域によってウサギのような小型動物を主に捕まえたり、カニなどの魚介類に頼る生き方をしていたといいます。島に住んでいた旧石器時代人は、世界的にもあまり例がありません。日本列島の旧石器時代人は、地域の資源をうまく活用して生きる人たちだったのです。

旧石器時代は、世界的には人類が石器を使い始めた250万年ほど前から、農耕が始まった1万年ほど前までの期間ですが、日本では縄文時代が始まる約1万5000年前までとされています。日本列島には少なくとも4万年前～3万年前の後期旧石器時代から人類が住んでいたことがわかっています。この人たちは20万年ほど前にアフリカで誕生し、世界各地に分布を広げた現生人類（ホモ・サピエンス）の仲間だったと考えられています。

◆沖縄の遺跡で驚きの発見

日本の大地は多くが人骨の残りにくい酸性土壌に覆われています。このため、旧石器時代の遺跡は約1万カ所知られているものの、それが現生人類の住んでいた跡かどうか人骨に基づいてはっきり言える例はそれほど多くありません。例外は沖縄の島々で、日本の旧石器時代人の人骨のほとんどは沖縄で見つかっています。沖縄には、人骨が朽ちずに残りやすい石灰岩が露出しているところが多いからです。ところが、沖縄の旧石器時代の遺跡からは本土で見つかっている道具などがこれまでまったく見つかっていませんでした。

那覇市中心部から南東へ10キロあまり離れたところにあるサキタリ洞遺跡（南城市）の発掘調査は、こんな状況を変えました。沖縄県立博物館・美術館の山崎真治主任（人類学）や藤田祐樹主任（同）を中心に進められている発掘調査で、２万年あまり前の人骨とともに海産の貝殻でつくった道具やビーズが最近、見つかったのです。サキタリ洞遺跡から南へ１・５キロほど離れた雄樋川《ゆひがわ》河口近くには、港川フィッシャー遺跡（八重瀬町）があります。２万年あまり前に生きていた港川人の全身骨格が見つかったところです。サキタリ洞に2万年あまり前に住んでいたのは港川人の仲間だった可能性が高いとみられています。

2万年前の人骨と貝殻で作った道具やビーズが見つかったサキタリ洞遺跡の入口
＝沖縄県南城市

研究者たちを驚かせたのは、道具やビーズだけではありませんでした。同じ地層から川にすむモクズガニの爪や、同じく川にすむ巻き貝（カワニナ）の化石が見つかったのです。モクズガニはシャンハイガニの仲間で、現在でもおいしいカニとして全国各地で食べられています。サキタリ洞は琉球王国時代にも秋口になると海へ下るモクズガニが集まる場所として知られていたといいます。沖縄の旧石器時代人も、モクズガニや貝に舌鼓を打ったに違いありません。

長野県の野尻湖で旧石器時代のナウマンゾウが

見つかっているように、従来、日本列島に住んでいた旧石器時代人は大型の動物を狩猟していたと考えられてきました。しかし、沖縄にはナウマンゾウはもちろん、大型のシカもいませんでした。いたのは小型のシカとイノシシだけで、港川人がいたころにはそのシカも絶滅していたと考えられています。サキタリ洞遺跡で見つかったモクズガニやカワニナの化石は、日本列島に住んでいた旧石器時代人の従来のイメージを大きく変えるものでした。

◇多数のノウサギの歯

本土でも、最近、同様の発見がありました。本州最北端の青森県下北半島にある尻労安部《しつかりあべ》洞窟遺跡（東通村）で発掘調査を続けている慶応大学や新潟医療福祉大学などの研究者たちを中心とした調査団が、ナイフ型石器とともに多数のノウサギの歯を見つけたのです。ノウサギの歯に含まれるタンパク質（コラーゲン）の放射性炭素（炭素14）を使った年代測定で、約2万年前のものとわかりました。

これまでに657点の動物の骨の破片や歯が見つかりました。そのほとんどが歯で、しかも圧倒的多数がウサギのものでした。調査団の澤浦亮平さん（東北大学大学院歯学研究科）は、「尻労安部洞窟を利用した旧石器時代人がウサギのような小型動物を積極的に利用していた可能性を示すもので重要な資料だ」と説明します。当時は、最終氷期最寒冷期で年間平均気温が今よりも10度近く低く、ウサギの毛皮は貴重な防寒具として利用されたとみられています。

しかし、日本列島に住んでいた旧石器時代人の姿がすっかり明らかになったわけではありません。未発見の遺跡も含め、今後の研究に期待したいと思います。

（間宮　利夫）

ゴリラ出現時期の謎解けるか

アフリカの熱帯雨林にすむゴリラのゲノム（全遺伝情報）を、イギリスにあるウェルカム・トラスト・サンガー研究所など欧米の研究グループが解読し、科学誌『ネイチャー』（2012年3月8日号）に発表しました。解読結果から、ゴリラの祖先の出現時期は約1000万年前と推定されたといいます。

◇類人猿とヒトの分岐はいつ

ゴリラは、大型類人猿の仲間で、アフリカの赤道地帯の東と西に分かれてすんでいます。西には低地にすむニシローランドゴリラだけしかいませんが、東には低地にすむヒガシローランドゴリラと高地にすむマウンテンゴリラがいます。ゴリラは、チンパンジー、ボノボ、オランウータンを含む大型類人猿4種の中で最も大きく、シルバーバックと呼ばれるおとなのオスでは体長が180センチ、体重が200キロにもなります。

ゴリラがヒトに非常に近縁な動物であり、ゴリラを含む大型類人猿の祖先とヒトの祖先が地質年代的には最近まで一緒だったことは広く知られています。大型類人猿とヒトが形態学的によく似ていることは早くから認識されていましたが、祖先をともにしているという考えが生まれたのは、19世紀にダーウィンが「進化論」を提唱して以後のことです。ダーウィンは、類人猿とヒトが形態学的によく似ているというだけでなく、共通の祖先から進化したと考えました。

20世紀に入ってからアフリカで次々類人猿と同程度の大きさの脳を持つ人類祖先の化石が見つかり、ダーウィンの洞察が正しかったことが証明されました。しかし、類人猿の祖先とヒトの祖先がいつ分かれたか、化石からは、はっきりしたことはわかりませんでした。その答えが得られるようになったのは20世紀の後半、細胞内の〝エネルギー工場〟、ミトコンドリアのDNA（ミトコンドリアゲノム）を使って生物の進化の道筋をたどる研究が活発に行われるようになってからでした。

　ミトコンドリアDNAは、父親のものと母親のものがまじりあって子どもに伝わる細胞核のゲノムと異なり、母親由来のものだけが代々伝わるので、生物間の違いを調べることで、それぞれの生物がいつ、どのように分岐してきたのか母系を通して推定できます。遺伝情報を担う塩基の数が約1万6000と、30億もある細胞核のゲノムに比べ少ないことも利点です。

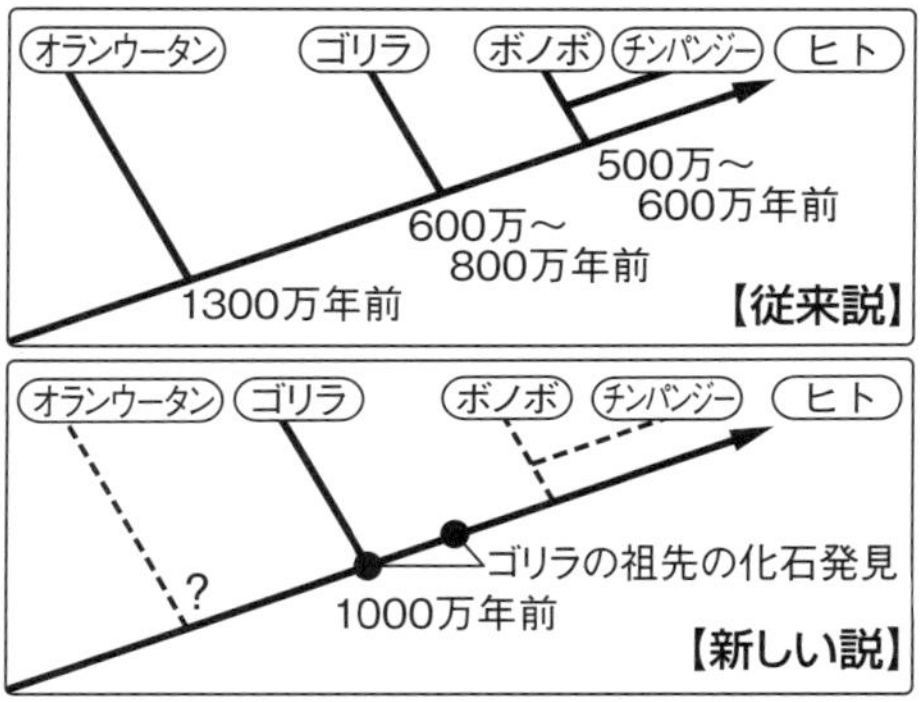

類人猿の分岐時期

　ミトコンドリアDNAを使って、これまでに行われたヒトと大型類人猿の関係を調べる研究では、ヒトに最も近いチンパンジーとボノボの祖先がおよそ500万～600万年前に分かれたとされました。そして、ゴリラの祖先はヒトとチンパンジー、ボノボの祖先と600万～800万年前に分かれたとされていました。

◆800万年前の地層から歯

　ところが、東京大学の諏訪元《げん》教授たちの研究グループは、2006年にアフリカのエチオピアで大型類人猿の歯の化石を見つけました。エチオピアではチンパンジーの祖先と分かれたばかりの人類の祖先をはじめ、600万年にわたる人類進化の足跡をたどることができるたくさんの化石が見つかっています。しかし、この化石が見つかったところは化石がほとんど出ない場所として知られていたといいます。

見つかった歯のうち、臼歯のかみ合わせの部分の出っ張り（稜）は高くとがり、植物の葉や茎など繊維質のものを食べていたことを示していました。諏訪さんたちはその特徴から、この歯をゴリラの祖先のものと判断しました。

地層の年代測定で、当初1000万年前のものとみられていた歯は800万年前のものとわかりました。京都大学の中務《なかつかさ》真人教授らは以前、約1000万年前のゴリラの系統群の原始的な種とみられる化石をケニアで発見しましたが、今回見つかった歯はその子孫の可能性があるとみられています。これまで、ヒトとチンパンジーの共通祖先とゴリラの祖先が分かれたとされていた600万～800万年前にはすでに、ゴリラの祖先が出現していたことになります。

ところで、ゲノム解読によって、ゴリラとヒトは従来考えられていたよりも近い関係にあることがわかったといいます。研究グループがすでに解読されているヒトのゲノムと、ゴリラやチンパンジーのゲノムを比較した結果、ヒトゲノムの70％はチンパンジーのゲノムに近かったものの、30％はゴリラのゲノムに似ていたというのです。ヒトの進化を考えるうえで重要な位置を占めているゴリラ。生息地の開発や密猟などで数が大きく減っており、保護の取り組み強化が求められています。


（間宮　利夫）

障害持つ子を育てたチンパンジーの母

アフリカ・タンザニアのマハレで日本の調査隊による野生チンパンジーの研究が始まって、２０１６年で51年目を迎えました。一頭一頭の顔をおぼえ、名前をつける独特の手法で、長年にわたって観察を続けてきた研究者たちは、ヒトに最も近い動物でありながらほとんど知られていなかったチンパンジーの実際の姿を次々明らかにしてきました。

それらは、ヒトの進化を探るうえでも重要な意義をもつと考えられていますが、そこに、また一つ、新たな発見が加わりました。京都大学などの研究グループによって、障害のある赤ちゃんを母親が2年近く育てる様子が観察されたのです。

◆足で母親にしがみつけない

赤ちゃんが生まれたのは、２０１１年の1月26日か27日です。26日に研究者が見たときは単独だった母親のクリスティーナが、翌日赤ちゃんと一緒に現れたので、生まれた日がほぼ正確にわかっている、比較的まれな例です。赤ちゃんに障害があることに研究者たちが気づいたのは、2月18日でした。母親のおなかの毛にしがみついている赤ちゃんの足が、だらんと垂れ下がっていたからです。

チンパンジーの赤ちゃんは、通常、生まれるとすぐに手と足で母親のおなかの毛をつかんでしがみつきます。そうすることで、母親は手で抱えたりすることなく、赤ちゃんを連れて移動することができます。ところがこの赤ちゃんは、足で母親のおなかの毛をつかむことができなかったため、母親が片方の手で赤ちゃんを支えてやっていました。

赤ちゃんの障害に気づいた研究者たちが観察を

障害をもつチンパンジーの赤ちゃん。口は半開きの状態です（中村美知夫・京都大学准教授提供）

続けた結果、ほかにも先天的とみられるさまざまな異常が見つかりました。左手の小指の外側に小さな6本目の指がありましたが、手が上を向くと、下を向いてしまうため、骨がない浮遊指と考えられました。さらに、胸にこぶがあり、背骨の周辺の毛が抜けていました。目がうつろで、口はほとんど常に半開きになっていました。研究者たちは、なんらかの精神発達遅滞があったのではないかとみています。

XT11と仮の名前がつけられたこの赤ちゃんは、通常の赤ちゃんが起き上がって座れるようになる生後6カ月を過ぎても、この動作ができませんでした。このため、母親のクリスティーナがほかのチンパンジーと毛づくろいをするとき、地面に寝かされていました。木に登るときには、XT11が落ちてしまわないように常に気をつけていなければなりませんでした。XT11を片手で支えなければならないため、クリスティーナが木のうろにあるオオアリの巣に棒を差し入れて行うオオアリ釣りをあきらめなければならなかったのを、研究者は見ていました。

クリスティーナにとってXT11は6番目の子どもでした。上の子どもたちが赤ちゃんのときはほかのチンパンジーがめんどうをみようとすることに比較的寛容でしたが、XT11をほかのチンパンジーがさわろうとするのを許しませんでした。唯一の例外が、11歳になっていた上の娘のザンティップで、クリスティーナが木に登って果実を食べたいときには、ザンティップにＸＴ11を預けて食事をすませていたといいます。

◇初めての、重要な観察事例

２０１３年12月、ＸＴ11は研究者たちの前から姿を消しました。短い生涯を終えたものとみられています。直接の原因ではないと考えられていますが、その1カ月前、ザンティップに子どもが産まれ、ＸＴ11のめんどうをみるどころではなくなっていました。しかし、障害をもったチンパンジーの赤ちゃんが2年近く生き延びた例が報告されたのは今回が初めてです。研究者たちは、母親がおなかにしがみついた赤ちゃんを片手で支えたり、姉が母親代わりに世話をしたりしたことが要因となった可能性があると考えています。

人類が進化する過程においても、現生人類（ホモ・サピエンス）が出現する以前から、けがをして十分動けなくなった人や、歯を失ったりして硬いものを食べられなくなった人がほかの人の援助を受けて生き延びたと考えられる化石が発見されています。研究グループの中村美知夫・京大野生動物研究センター准教授は「障害者などの弱者をケアできる人類社会の進化基盤を考察するうえでも重要な観察事例だと考えています」とコメントしています。

アフリカではマハレ以外でも野生チンパンジーの研究が続いていますが、今回のような例は見つかっていません。半世紀にわたる長期調査があって初めて観察可能になったといえます。研究者たちは今後も、その長い歴史のうえにたってマハレでチンパンジーの観察を続け、新たな発見をしてくれるに違いありません。

（間宮　利夫）

生命の神秘

生命の源は彗星由来？

地球上の生命は、40億年前ごろには出現したとみられています。しかし、46億年前、地球が形成されたときには、生命の源となった有機物は地球上に存在しなかったと考えられています。

◆アミノ酸が地球に存在する謎

有機物、とりわけ、タンパク質をつくる材料であるアミノ酸は、いったいどうやって地球上に存在するようになったのか？　多くの研究者がその謎に取り組んできました。

よく知られているのが、半世紀以上前にアメリカの化学者、ユーリーとミラーが行った実験です。２人は、初期地球大気に関する当時の知見をもとに、メタン、アンモニア、水を含む気体中で、雷を模した放電実験を行いました。みごと、最も単純なアミノ酸であるグリシンをはじめ何種類かのアミノ酸が生成され、これで決まりかと思われました。ところが、その後、形成当初の原始地球はマグマの塊で、大気は窒素や二酸化炭素が主成分だったことがわかってきました。このような大気中では、雷や紫外線などでアミノ酸が生成するのは困難だったとみられています。

アミノ酸は地球上で生成したのではなく、地球外から持ち込まれたのではないかという説があります。その候補の一つが彗星《すいせい》です。彗星の衝突によって、含まれていたアミノ酸が地球にもたらされたのではないかというのです。彗星は氷と塵《ちり》でできています。地球の海は、衝突した彗星の氷が由来ではないかと考える研究者もいるほど、形成当初の地球にはたくさんの彗星が衝突したとみられています。

アメリカ航空宇宙局（ＮＡＳＡ）は彗星にどんな物質が存在するのかを調べるために、その試料を採取し地球に持ち帰ってくる「スターダスト」計画をたて、1999年に探査機を打ち上げました。2004年に地球から約3億9000万キロメートル離れた宇宙空間で「ビルト2」と呼ばれる彗星に約230キロメートルまで接近し、尾の中に入って塵を採取することに成功。2006年

2013年に太陽に接近したアイソン彗星（NASA 提供）

に地球へ持ち帰りました。回収された塵からはグリシンが検出され、彗星にアミノ酸が存在することを実証しました。

それでは、氷と塵でできた彗星で、アミノ酸はどうやってつくられたのでしょうか？ 2013年、科学誌『ネイチャー・ジオサイエンス』（9月15日付）に興味深い論文が掲載されました。

イギリス・ケント大学などの研究グループが彗星を模した氷の塊に高速で弾丸を撃ち込む実験を行った結果、グリシンなど数種類のアミノ酸が生成したというのです。氷にはアンモニアや二酸化炭素、メタノールなどが含まれています。研究グループは、弾丸を秒速7キロメートル以上のスピードで撃ち込むことによって瞬間的に発生した高温・高圧の環境がアミノ酸のような、より複雑な有機物をつくり出したと考えています。

◆生命誕生めぐり活発な議論

もちろん、これで生命の源が彗星由来と決まったわけではありません。東北大学と物質・材料研

究機構の研究グループは、２００８年に太古の地球の海に隕石が衝突したのを模した実験を行ってグリシンが生成することを確かめ、『ネイチャー・ジオサイエンス』に発表しています。近年、世界各地の海底で見つかっている熱水噴出孔がアミノ酸などをつくりだし生命を生み出す場だったと考える研究者もいます。これら以外の説も含めて、地球上の生命がどのように出現したかをめぐる研究と議論はこれからも活発に繰り広げられるに違いありません。その成果は、現在、太陽系外に次々見つかりつつある惑星に生命が存在するかどうかを探るうえでも重要な情報となると考えられ、目が離せません。

（間宮　利夫）

生命起源の謎に迫る多彩なアプローチ

地球生命は、いつどのように誕生したのか。生命の材料物質はどこで作られたのか。地球以外にも生命はいるのか……。これらは、人類の存在への根源的な問いであり、広大な宇宙になぜ自分が生きているのかという究極の問いといえるでしょう。

科学の立場から、この壮大なテーマに挑む「アストロバイオロジー」（宇宙生命科学）という学問領域があります。天文学、惑星科学、地球化学、生化学、海底熱水地帯の微生物の生態、分子進化学、宇宙機による生命探査など、幅広い分野の研究者が、さまざまなアプローチで謎解きを進めています。

◇星の誕生現場にアミノ酸の素

銀河系にある星の誕生現場で、生命材料物質であるアミノ酸の一つ「グリシン」の〝素〟となる物質を検出した――。野辺山45メートル電波望遠鏡を使った国立天文台の大石雅寿《まさとし》准教授らの観測チームが、２０１４年９月に発表しました。

これまでに、アメリカの探査機が彗星のアミノ酸を見つけていますが、太陽系外ではアミノ酸は確認されていません。今回検出された〝アミノ酸の素〟は豊富で、紫外線の照射を受ける環境であることからもグリシンが生成されている可能性が高いといいます。南米チリの巨大電波望遠鏡「アルマ」でさらに詳しく調べる計画があり、太陽系外でのアミノ酸初検出に期待が高まります。

生命の起源をめぐる有力な仮説として、①星や惑星を生み出す希薄なガス雲（星間分子雲）の中でアミノ酸やその〝素〟となる物質が生成される、②それが星や惑星の形成と同時に彗星や隕石に取り込まれる、③惑星に運搬される、④惑星表

宇宙の生命材料物質から、タンパク質やDNA、単細胞生物、多細胞生物を経てヒトまでが繋がっていることを示すイメージ図（国立天文台提供）

面でさらに複雑化する、⑤最初の生命が誕生する——というシナリオが提唱されています。もし太陽系外でアミノ酸が見つかれば、この仮説を裏づける強い証拠となります。

観測チームはさらに、〝生命の設計図〟となるDNA（デオキシリボ核酸）の4種類の塩基（アデニン、グアニン、チミン、シトシン）が宇宙空間に存在するのかを探索する観測をめざします。

生命の材料が、宇宙のあちこちに存在するとしたら——。これまでに太陽系外の惑星は1800個以上も見つかっており、なかには地球に似た惑星もあります。もし生命が誕生し植物のような光合成をしていれば、惑星大気に酸素やオゾンが存在しているかもしれない。そんな想像を膨らませながら、次世代の望遠鏡による観測計画も進められています。

一方、地球生命の起源の謎解きの手がかりを実験で得ようという試みも進んでいます。東京薬科大学の山岸明彦教授らの実験チームは、古代の生物がもっていたと思われるタンパク質を復元し、地球生物の共通祖先がどんな温度環境で生息していたのか、推定に成功しました。

実験チームは、地球の生物の多くがもっている特定のタンパク質と生育温度との関連性に注目。

現存する生物のタンパク質をつくる遺伝情報をもとに、進化系統解析と遺伝子工学を駆使して祖先タンパク質を復元し、その熱耐性を調べました。その結果、地球生物の共通祖先は75度以上の環境で生育していた好熱菌だと推定しました。これまで理論的な研究からは、共通祖先は常温菌だとする説と好熱菌だとする説の両方がありました。実験的な証拠によって、謎の解明は大きく前進しました。

山岸さんたちは、生育温度以外の情報も明らかにし、共通祖先の正体に迫りたいと考えています。

◆原始生命が存続できる環境は

生物が生命活動を営む環境に着目して、生命圏の限界を探っているのは、海洋研究開発機構（ＪＡＭＳＴＥＣ）深海・地殻内生物圏研究分野長の高井研さんです。生命活動の維持に必要なエネルギー、元素供給などの視点から、地球生命誕生や初期進化について最も可能性の高いシナリオを追究しています。

いったい、どんな環境で地球生命は誕生したのか。深海の熱水で生まれたという説、陸上の温泉で生まれたという説、いや火星で誕生した生命が地球にやってきた……といった、さまざまな説が提唱されています。高井さんが強調するのは、原始生命が発生する可能性とあわせて、原始生命が「存続する」可能性の大きさを評価することの重要性です。

「深海熱水」説に熱い視線を注ぐ高井さん。それぞれの仮説に一理あるとしつつも、現存する生物が進化の過程で深海熱水環境を通ってきたのは間違いないと言い切ります。

似たような環境は地球外にもありそうです。木星や土星の衛星の氷の下の海底火山に、ひょっとすると生命が宿っているかもしれません。遠くない将来、きっと探査機が新たな知見をもたらしてくれるでしょう。

（中村　秀生）

地球外での生命発見に期待！土星の衛星で熱水活動

◆地球外での生命活動に期待

はるか昔、どんな環境で地球生命は誕生したのでしょうか。この壮大な謎に挑むべく、深海底や陸上の温泉など地球の生命圏の探査が進んでいます。一方、木星や土星の衛星などにも地球生命の誕生のヒントとなるような環境があるのではないか——そんな夢を託して、人類は探査機を送り込んできました。2015年3月、地球外生命探査にとって大きなエポックとなる発見が報告されました。

なんと、地球における生命誕生の場の有力候補とされる海底熱水噴出孔と似たような熱水環境が、土星の衛星エンケラドス（エンセラダス）の地下海にも存在しているという直接証拠が見つかったのです。東京大学、海洋研究開発機構など日米欧の研究チームが、アメリカ航空宇宙局（NASA）の土星探査機「カッシーニ」による探査と、地球での実験によってつきとめました。

生命の誕生に不可欠な条件は、①水が液体の状態で存在する、②有機物がある、③生命体が利用できるエネルギーがある——とされています。今回、この3大要素を満たす環境が地球外で初めて確認され、これまで想像で語られてきた地球外生命の存在可能性についての議論が具体性を帯びてきました。

◆次々と明らかになる素顔

エンケラドスは、表面が氷に覆われた氷惑星です。土星を周回する衛星は約60個が発見されていますが、その中で6番目の大きさです。半径が約250キロメートルといえば、ちょうど東京からみて名古屋や仙台より少し近い程度の距離で、地球や月と比べるとかなり小さな天体です。イギリスの天文学者ウィリアム・ハーシェルが１７８９年に発見しました。

　発見から２００年余りを経て、この小さな氷衛星が世界中の注目を集めたのは、２００５年のことでした。１９９７年に打ち上げられた探査機カッシーニが、２００４年に土星系に到着。そしてエンケラドスの数百キロメートル上空を通過したときに、表面から氷の粒子と水蒸気が噴出している様子をとらえたのです。「虎の縞」と呼ばれる南極付近の地表の割れ目から、間欠泉のように一定の時間間隔で噴出しており、これは何らかの地質学的な活動が続いていることを意味しています。

地下海の熱水活動が確認された「エンケラドス」内部の想像図（NASA など提供）

　カッシーニは、間欠泉の中を通過して搭載する分析装置で噴出物を調べるなどした結果、地下の海水には、塩分や二酸化炭素、アンモニア、有機物が含まれていることをつきとめました。さらに２０１４年には、カッシーニがエンケラドスに接近したときの重力観測のデータから、南極周辺に広大な地下海が広がっていることがわかりました。

　次々と明らかになるエンケラドスの姿は、生命の存在について人々の想像力をかきたててきました。しかし、いったい地下海に生命が利用できるエネルギーがあるのか、という大問題は残されていました。ただ地球生命が誕生した場所の有力候補とされているのは、太陽光の届かない深海底の熱水噴出孔です。現在も、地球の熱エネルギーを使って有機物をつくる微生物が生きています。エンケラドスの地下海に似たような環境があってもおかしくない。そうした手がかりが待たれていました。

今回、研究チームは、カッシーニが土星を周回している間に機体に衝突していた、ナノメートル(100万分の1ミリメートル)サイズの謎の微粒子に注目。搭載されたダスト分析器によるデータを解析した結果、この微粒子が、ほぼ純粋なシリカ(二酸化ケイ素)からなること、そしてエンケラドスの軌道周辺に存在していたことを明らかにしました。

ナノサイズのシリカ粒子は宇宙ではまれな存在です。地球では、高温の水と岩石が触れ合うことで岩石成分が熱水に溶け、その熱水が急冷されてシリカが析出することが知られており、研究チームは、この粒子の存在は水と岩石が反応を起こしている物的証拠だとしています。

シリカ粒子がどのような環境で形成されたのかもわかってきました。研究チームは、エンケラドスからの噴出物に含まれる二酸化炭素やアンモニアを含む水溶液と、初期の太陽系に普遍的に存在していたとされるかんらん石や輝石の粉末を使い、熱水反応実験をしました。その結果、90度以上、pH8～10のアルカリ性の環境だとわかりました。

◇生命探索は新しい段階に

研究チームは、エンケラドスの地下海には地球の海底熱水噴出孔と似た環境が広範囲に存在し、現在も活発に活動していると考えています。

いよいよ地球外生命の探索は新しい段階に入りました。それにしても、太陽から遠く離れ日光が地球の1%ほどしか届かない土星の衛星に、地下の熱源を利用して、ひっそりと生命が生きていることを想像すると、地球のにぎやかしい生命系の大切さに思いを馳せずにはいられません。

(中村　秀生)

生命が陸上に進出したのは32億年前？

生命は現在、北極や南極の氷の上から、空気の希薄な高山、灼熱の太陽が照りつける砂漠、暗黒に閉ざされた深海底まで地球上の至る所に存在しています。地球上に生命が誕生したのは40億年前ごろだったと考えられています。その後に起こった地球の劇的な変化の中で生命は進化を続け、さまざまな環境に適応してきました。私たちが見ている世界は、その結果であり、これからも続く地球の長い歴史の一断面にすぎないと言えるかもしれません。

◇窒素固定がされた証拠

さて、私たちが日常見ている世界は主に陸上ですが、陸上に生命が進出を果たしたのは5億年前ごろで、約46億年の地球の歴史からみれば比較的近い時代に起こったとみられています。生命に有害な、太陽から降り注ぐ紫外線を防ぐオゾン層が地球の大気中にできるには、酸素が現在のように大気の約20％を占めるほど高濃度になる必要があります。光合成を行って酸素をつくりだす最初の生物シアノバクテリアは35億年前ごろ出現し、その後、より高等な生物の光合成で酸素がつくられるようになりましたが、大気中の酸素が高濃度になるには、それだけの時間がかかったのです。

ところが、酸素が豊富でなかった32億年以上前に、生命が陸上に進出していたかもしれない、というアメリカ・ワシントン大学の研究チームによる研究結果が、科学誌『ネイチャー』に発表されました。「32億年前、モリブデン・ニトロゲナーゼによって生物学的な窒素固定が行われていた同位体の証拠」というのが、その研究成果を発表した論文のタイトルです。

何のことやらと思ってしまいますが、要は生命が32億年以上前に窒素を効率よく手に入れられるようになっていたかもしれないという話です。生命はすべて窒素なしには生きられません。生命の本質ともいえるタンパク質をつくるのに窒素は欠かせないからです。また、タンパク質の設計図であるＤＮＡも窒素なしにはつくれません。

では、生物はどのようにして窒素を手に入れているのでしょうか。窒素は大気の約80％を占めています。ですから、簡単に手に入るように思われますが、実はそうではありません。大気中に存在する窒素は窒素原子が2個結びついた窒素分子です。窒素原子どうしの結びつきは非常に強く、容易に切ることができません。つまり、窒素分子のままでは、多くの生物は利用できないのです。

大気中の窒素を生物が利用しやすい形に変えることを窒素固定といい、自然界でその役割の大半を担っているのが根粒菌などの微生物です。植物はこれらの微生物が行う窒素固定を利用して、また動物は植物を食べることで必要な窒素を手に入れているわけです。

◇ニトロゲナーゼをもつ生命

ニトロゲナーゼはそうした微生物がもっている酵素で、大気中の窒素を分解して生物が利用しやすい形に変える反応を促進する働きがあります。最も一般的なニトロゲナーゼはモリブデンという金属元素を含んだものです。研究チームは、オーストラリアや南アフリカにある世界で最も古い時代の岩石を調べた結果、少なくとも32億年前にはモリブデンを含むニトロゲナーゼをもつ生命によって窒素固定が行われていたことをつきとめたのです。研究チームによると、そのころかなり大規模で多様な生物圏を支えるだけの窒素固定が行われていたといいます。遺伝子レベルの研究では、ニトロゲナーゼの起源は15億～22億年前ごろと考えられてきました。今回の研究は、生命がそれよりかなり早い段階から大気中の窒素を利用できるようになっていたことを示します。

しかし、そのことと、生命の陸上進出とどのような関係があるのでしょうか。

現在の海水中にはモリブデンが豊富に存在します。大気中の酸素濃度が高く、風化を受けた岩石に含まれるモリブデンが海水中に流れ込んでいるからです。しかし、32億年前の酸素が豊富でなかった時代にモリブデンがどうやって供給されたかはわかっていません。そこで研究チームは、陸上の岩石の表面に酸素を放出する生命がスライムのように薄い膜をつくって存在したために、その働きで岩石が風化し、モリブデンが海水中に流れ込んだのではないかと考えたのです。

もちろん、陸上の岩石の上にスライムのような生命が存在したことを示す直接的証拠は見つかっていません。生命の起源とともに、生命がどのように長い旅路をたどってきたかを明らかにする、今後の研究に期待したいと思います。

（間宮　利夫）

生命の設計図――DNA いい加減さと巧妙さと

〝生命の設計図〟と呼ばれるDNA（デオキシリボ核酸）。二重らせん構造をした直径2ナノメートル（5億分の1メートル）の細長い糸で、ヒトの場合、DNAは全長が約2メートル。体を構成する約60兆個の各細胞の核の中にあります。DNAにはアデニン（A）、グアニン（G）、シトシン（C）、チミン（T）という4種類の塩基が並んでいます。生物をつくる〝設計図〟の役割を果たす「ゲノム（全遺伝情報）」は、これらの塩基の組み合わせでできています。

約30億塩基対のヒトのゲノムはA・T・G・Cの4文字が約30億字連なる暗号文とも言えます。本書3万冊分を超える文字数の遺伝情報が、1人ひとりの細胞のDNAに収められている計算です。

DNA発見から約150年。今も、構造や機能をめぐって教科書を塗り替える新発見が続いています。

◆150年かけた研究の発展

DNAを発見したのは、スイスの生理化学者F・ミーシャーです。1868～69年、包帯についた膿の白血球の核から、既知のタンパク質には分類できない新物質を発見したのです。

しかし、発見後も長い間、DNAの構造は謎でした。J・ワトソン、F・クリックらによって、ようやく二重らせん構造の秘密が明らかになったのは1953年のことです。さらに半世紀を経た2003年、国際研究プロジェクト「ヒトゲノム計画」が完了。約30億文字の配列がほぼ完全に解読されました。

完全解読の結果、タンパク質の構造に関わる暗号領域である「遺伝子」は、約30億文字のヒトゲノムの2％程度を占めるに過ぎないことが判明しました。ゲノムの残り98％が、どんな機能を担うかは謎のまま。この意味不明な配列は「ジャンクDNA」や「がらくた遺伝子」といった不名誉なあだ名で呼ばれました。

同じ2003年に立ち上がった「ENCODE（エンコード）計画」は、ヒトゲノムの全機能の解明をめざす国際計画。意味不明な暗号に隠された機能をつきとめて「ヒトDNAの百科事典」をつくるこの試みには、日本の理化学研究所チームなど5カ国が参加して解析を続けています。

2012年9月、エンコード計画による解析結果が発表され、ゲノムの80％の領域に機能があることが明らかになりました。「がらくた」と呼ばれてきたゲノム領域に、遺伝子の働きを調節する役割を担う〝スイッチ〟が約400万個もあったのです。

さまざまな臓器では、細胞ごとに働く遺伝子が異なります。スイッチは、適切なときに適切なところで遺伝子が働くよう調節します。スイッチの突然変異と病気の関連性もつきとめました。ヒトゲノムのさらなる機能解明や病気の発症メカニズムの解明につながると期待されます。

一方、DNAの構造をめぐっても、従来の〝定説〟を覆す大きな発見がありました。

細胞が分裂する際、直径2ナノメートルのDNAは切れたり絡まったりするのを防

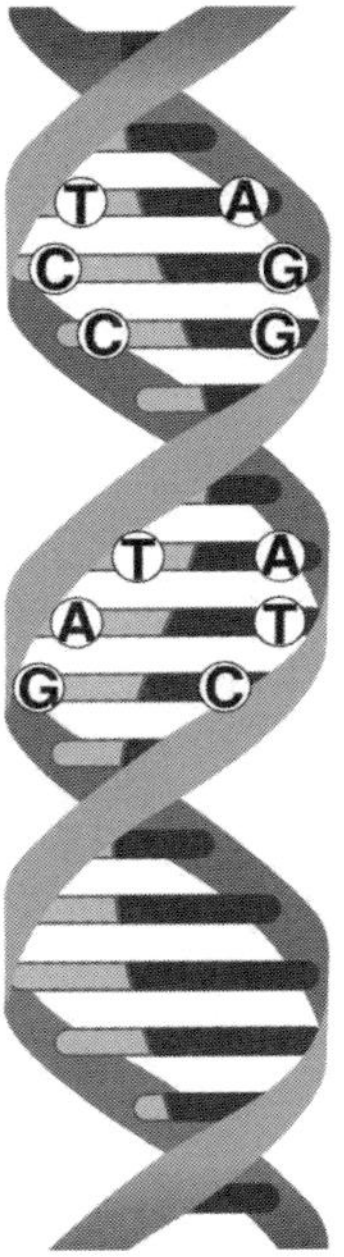

二重らせん構造をしたDNA。アデニン（A）、グアニン（G）、シトシン（C）、チミン（T）という4種類の塩基がペアをつくって並んでいます

ぐために、直径700ナノメートルの染色体に束ねられます。このときDNAはどのように折りたたまれているか、研究が進められてきました。DNAは細胞核の中に裸のまま存在しているのではなく、糸巻きのようなタンパク質に2周ほど巻き取られて「ヌクレオソーム」という構造を形成。これが数珠つなぎになった直径11ナノメートルのヌクレオソーム線維をつくることがわかっています。

これまで、ヌクレオソーム線維がさらにらせん状に規則正しく折りたたまれた階層構造をなすという考えが広く受け入れられ、高校の教科書にも載っています。

ところが、国立遺伝学研究所の前島一博教授らの研究チームが、最先端技術を駆使して詳しく観察。するとDNAは定説のような規則正しい構造ではなく、かなり「いい加減」に染色体に収納されていることがわかったのです。さらに、ヌクレオソームが細胞の中で小刻みに揺らいでいることもつきとめました。研究チームは、こうしたDNAの構造の柔軟性や揺らぎが遺伝情報を伝える際に有利にはたらくと考えています。

◆エンゲルスが指摘した本質

F・エンゲルスが「生命とは、蛋白体（タンパク質）の存在の仕方である」（『反デューリング論』）と述べたのは、DNAが発見されたばかりで、タンパク質の化学組成さえわからなかった時代です。エンゲルスは続けました。「この存在の仕方で本質的に重要なところは、この蛋白体の化学成分が絶えず自己更新を行っている、ということである」と。

その自己更新の機能を担うDNAの謎を、1世紀以上にわたって人類は追い続けていますが、二重らせんのもつれた糸のような謎は、なかなかほどける気配がありません。

（中村　秀生）

ミトコンドリアの謎と人類進化の跡

精子というと、懸命に尾を動かして泳ぐオタマジャクシのような姿を思い浮かべる人が多いのではないでしょうか。ヒトの場合1度に放出される数は数億個。〝はるかかなた〟で待つ、たった1個の卵子をめざして競争を勝ち抜かなければならないのですから、小さな〝体〟で力の限り泳ぐのも当然のことかもしれません。

◇細胞内のエネルギー工場

その力を生み出しているのが、頭と尾の間にある中片部という部分につまったミトコンドリアです。生体内でエネルギー源として使われるATP（アデノシン三リン酸）を作り出すことが主な仕事で、細胞内の〝エネルギー工場〟とも呼ばれます。

ミトコンドリアは細胞内の小器官ですが、かつては独立した1個の細菌だったと考えられています。その証拠に、細胞の核にあるその生物自身のゲノム（全遺伝情報）とは別に、独自のゲノム（ミトコンドリアDNA）を持っています。いつのころからか別の細胞内で共生を始め、現在のようにヒトをはじめ多くの生物の細胞内でエネルギーをつくる仕事をするようになったというのです。

そのミトコンドリアに不思議な現象が起こることが知られています。精子が卵子の中に入って受精が完了したとたん、精子のミトコンドリアは消えてしまい、後には卵子のミトコンドリアだけが残ります。なぜ、精子のミトコンドリアは消えてしまうのか、その理由は不明でした。

〝ミトコンドリア・ミステリー〟の一つに数えられる謎の解明に挑んだのが、群馬大学生体調節研究所の佐藤美由紀助教と佐藤健教授です。線虫という生き物を使って、受精後、精子のミトコン

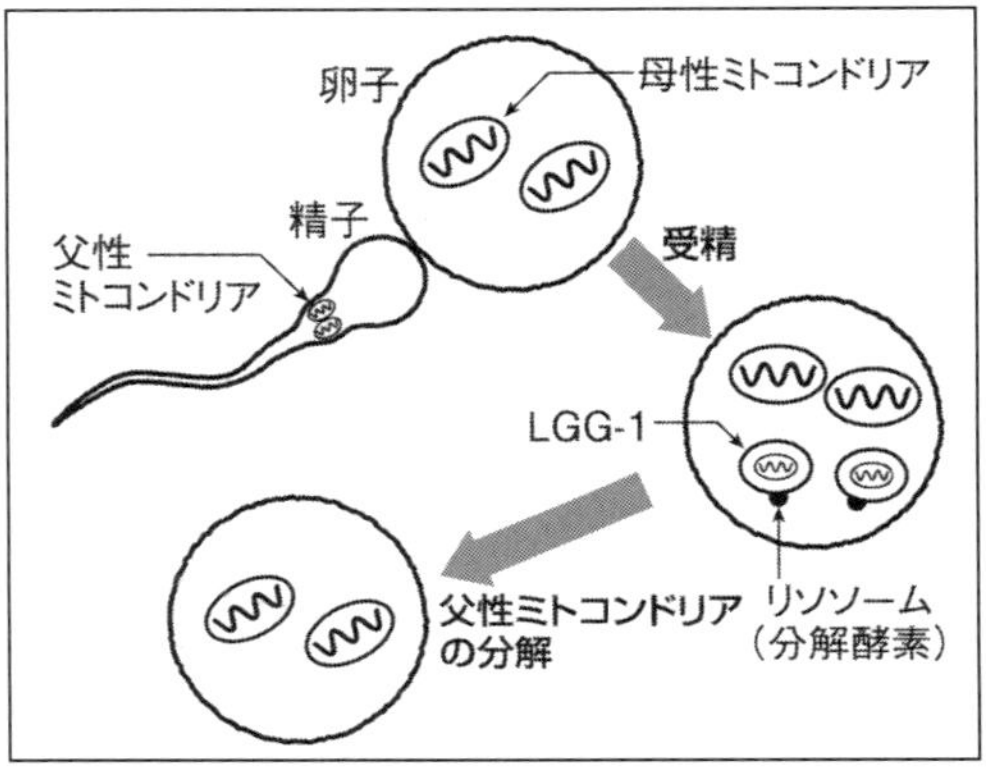

精子のミトコンドリアは消失

ドリアがどうなるのか詳しく調べました。線虫は体長わずか1ミリの小さな存在ですが、生物学ではさまざまな研究のモデル動物として使われる生き物です。

観察の結果、受精直後、あるタンパク質（LGG－1）が精子のミトコンドリアの周囲に集まることがわかりました。LGG－1は、不用になった細胞内の物質や小器官などを分解するオートファジー（自食作用）という働きと関係しています。受精卵では、精子のミトコンドリアを不用なものとして破壊するメカニズムが働いていたのです（アメリカ科学誌『サイエンス』電子版2011年10月13日付）。

しかし、どのように精子のミトコンドリアだけを識別して分解するのか、なぜ精子のミトコンドリアを分解しなければならないかは依然として謎だといいます。佐藤さんたちは、卵子に向けて長い旅を続けたために精子のミトコンドリアは疲弊してダメージを受けた危険なエネルギー工場の状態となっている可能性があると考えています。

精子のミトコンドリアは子孫に伝わらず、卵子のミトコンドリアだけが子孫に伝わるというこの性質は、人類の進化の道筋をたどるのに役立っています。ミトコンドリアは母から娘へ代々受け継がれます。現在、世界中にいるすべての人々はホモ・サピエンスという一つの種で、もともと同じミトコンドリアを持っていましたが、世界各地に散らばっていく過程で、ミトコンドリアＤＮＡに多くの突然変異が生じました。それを調べることで現生人類の系統を、母系を通してさかのぼれるのです。

◆「イブ」と「アダム」

１９８７年、アメリカ・カリフォルニア大学の研究グループが世界各地で生まれた１４７人のミトコンドリアＤＮＡを調べ、祖先をたどった結果、16万年±４万年前にアフリカにいた１人の女性にたどりついたという結果を発表しました。この結果は現生人類がそのころアフリカで誕生したことを示すもので、この女性は「ミトコンドリア・イブ」の愛称で一躍、有名になりました。

ところで、イブがいるならアダムもいるのではないか――。そう思った人もいるかもしれません。実際、父から息子へ代々受け継がれる遺伝情報であるＹ染色体を使ってアダムを探す研究が行われています。これまでの研究によると、アフリカに６万年前ごろにいた１人の男性に行き着くという結果が得られています。

年代のほうは、アフリカのエチオピアで16万年前ごろにいたホモ・サピエンスの化石が見つかっていることなどからミトコンドリア・イブに軍配があがりそうです。しかし、起源を追っていくと、ミトコンドリアＤＮＡとＹ染色体どちらもアフリカに到達する――、そのことが人類の起源を考えるうえで重要な意味をもっていると、研究者はみています。

ミトコンドリアＤＮＡは残せないけれど、Ｙ染色体に男性がたどってきた足跡を残しておく――、心憎い自然の配剤といったところでしょうか。

（間宮　利夫）

細胞が持つタンパク質の品質管理機能

２０１４年のノーベル物理学賞は青色発光ダイオードを開発した赤崎勇・名城大学教授、天野浩・名古屋大学教授、中村修二・アメリカカリフォルニア大学サンタバーバラ校教授の日本人および日系アメリカ人３氏に授与されることが決まりました。さまざま議論はありますが、少なくとも自然科学の研究者にとってノーベル賞の受賞は最高の栄誉といって間違いないでしょう。耐久性が高くエネルギー消費量の少ない照明の実現に貢献し、人類の喫緊の課題である地球温暖化問題に役立つ技術を日本の研究者が生み出し、それが世界で認められたことを示しています。

◆小胞体ストレス応答の発見

さて、２０１４年にノーベル賞を受賞するのではないかと期待された日本人は、３人のほかにもいました。その１人が、森和俊京都大学教授です。森さんは、細胞内小器官の一つの小胞体に異常なタンパク質がたまり悪影響を及ぼすのを防ぐ「小胞体ストレス応答」というしくみが細胞にあることを発見しました。ノーベル賞の受賞者が発表される直前の９月、アルバート・ラスカー基礎医学研究賞を受賞していました。ラスカー賞は「アメリカのノーベル賞」とも言われ、受賞後にノーベル賞を受賞した人が多くいます。２０１２年のノーベル医学・生理学賞を受賞した山中伸弥京都大学教授も事前に受賞しており、森さんもノーベル医学・生理学賞を受賞するのではないかという期待が高まりました。残念ながら、この年の受賞はなりませんでしたが、今後の受賞が待たれます。

そこで、小胞体ストレス応答とは何か、簡単に紹介したいと思います。

タンパク質は私たちにとって、筋肉をはじめとして体をつくったり、酵素として体内で必要な化学反応を促進したりするのに、なくてはならない物質です。タンパク質は細胞内で遺伝子の働きにより、20種類ある人体を構成するアミノ酸の中から適切に選ばれたアミノ酸が鎖状に連なってできています。しかし、それだけでは課せられた機能や活性を発揮することはできず、正しい立体的な構造を獲得する必要があります。

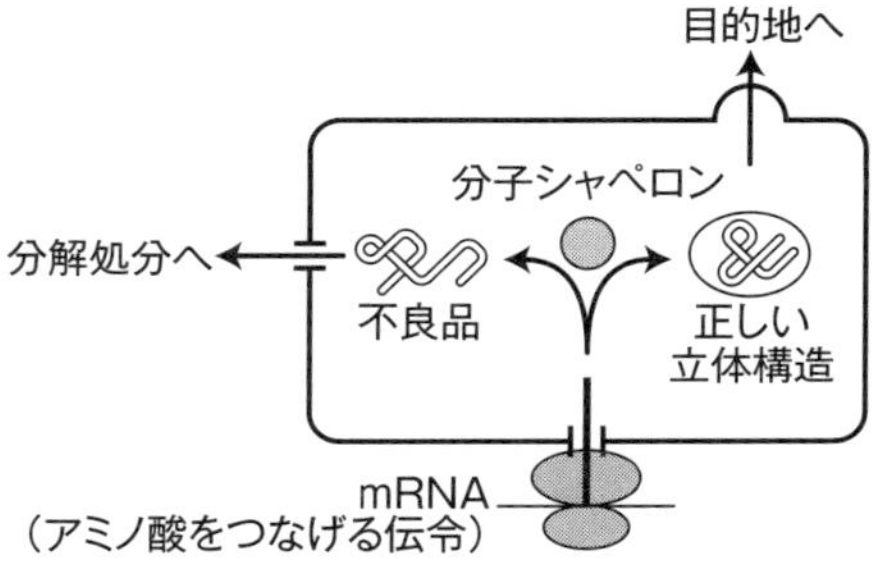

タンパク質の品質を管理する小胞体の概念図（京都大学・森和俊研究室ホームページから作成）

その役割を担っているものの一つが小胞体です。しかし、いつでも正しい立体構造を獲得できるわけではなく、不良品も生まれます。不良品がそのまま体の各所に運ばれると有害な働きをするため、小胞体にとどめられます。ただ、こうした状況が続くと、細胞に悪影響が出ます。たまった不良品によって、小胞体の恒常性が保てなくなるからです。森さんは、細胞自身がそれを解消するしくみを持っていることを発見しました。それが、小胞体ストレス応答です。具体的には、①新たにつくられたタンパク質がそれ以上小胞体に運ばれないようにして、小胞体の負担を軽減する、②タンパク質を正しい立体構造にする働きをする小胞体シャペロンを増やし効率を上げるとともに、不良品の修復を行う、③不良品を分解する——、という三つです。

小胞体に不良品がたまることは、脳梗塞などの脳虚血性疾患やがん、糖尿病、パーキンソン病などさまざまな病気と関係していることが報告されています。小胞体ストレス応答は、これらの病気の新たな治療法の確立に寄与することが期待されています。

◆熱ショック因子の働き

小胞体シャペロンを含むシャペロンの多くは、細胞が熱にさらされたとき細胞を守る働きをする熱ショックタンパク質の一種で、熱ショックタンパク質の量を調節する熱ショック因子と呼ばれる物質に関する研究が盛んに行われています。

２０１４年、熱ショック因子の遺伝子にはシャペロンの量を調節するだけでなく、ほかの働きがあることがわかったと、アメリカ・カリフォルニア大学バークリー校などの研究グループがアメリカ科学誌『サイエンス』（10月17日号）に報告しました。研究グループは、線虫を使った実験で、熱ショック因子の遺伝子が細胞の形や細胞内の小器官の配置などさまざまな働きをしている細胞骨格のもとになっているタンパク質をつくる遺伝子を制御していることをつきとめました。このタンパク質がたくさんつくられるようにした線虫は寿命が延び、逆に、このタンパク質をつくれなくした線虫の寿命は短くなったといいます。一個一個の細胞は目に見えないほど小さな存在ですが、そこには解明しなければならない大きな謎がまだまだたくさん残っています。

（間宮　利夫）

解き明かされつつある免疫システムの奥深さ

2011年のノーベル医学・生理学賞は、免疫のしくみの解明に貢献したアメリカ・スクリプス研究所教授のブルース・ボイトラー博士、元フランス科学アカデミー議長のジュール・ホフマン博士、アメリカ・ロックフェラー大学教授のラルフ・スタインマン博士に贈られました。スタインマン博士は発表3日前に亡くなっていたことが後から判明し、例外的に死後の受賞となって話題を呼びました。

免疫とは、ウイルスや細菌などの病原体にたいする防御反応です。伝染病を回復した後は同じ病気にかからない「2度なし現象」として、古くから経験的に知られていました。

◆2種類の免疫システム

18世紀末、イギリスの医師ジェンナーが牛痘《ぎゅうとう》（牛の天然痘）の膿《うみ》を人間に植えつけると天然痘を発症しないことを実証。免疫による予防医療が始まりました。19世紀後半にはフランスの細菌学者パスツールが狂犬病ワクチンによる予防接種を確立。さらに、ドイツのコッホによるツベルクリン作製など、20世紀にかけて免疫学は急発展しました。免疫学の分野からは、1901年の第1回ノーベル賞以来、利根川進博士を含め多数の受賞者が出ています。

免疫システムには「自然免疫」と「獲得免疫」の2種類があります。

ウイルスや細菌などの病原体が体内に侵入すると、まず働くのが自然免疫です。血液中の好中球やマクロファージなど「食細胞」が、異物と認識したものを片っ端から食べて体を防御します。昆虫や軟体動物など多様な生物に備わるしくみです。

獲得免疫は、哺乳類を含む脊椎動物がもつ高度な防御システムで、病原体の種類ごとに抗体を生産し、特定の敵を集中的に攻撃します。抗体を大量生産する態勢を整えるまで数日かかりますが、いったんできた抗体の生産準備態勢は維持される(免疫記憶)ので、同種の病原体の再侵入にはすばやく対処できます。これが2度なし現象だったのです。

獲得免疫については、抗体を生産するB細胞、ウイルス感染した細胞を殺すキラーT細胞などの機能が詳しく解明されました。自然免疫で活躍するマクロファージが、病原体の断片を運んで抗体生産に必要な情報を伝達し、獲得免疫の補助的な役割を果たすこともわかりました。

一方、単純なしくみと考えられてきた自然免疫は、免疫システムの脇役とみなされ、長らく注目されてきませんでした。ところがジェンナー以来200年を経た最近になって、自然免疫に光を当てる新発見が相次ぎました。2011年のノーベル賞受賞研究を契機に、それまでの常識を覆す免疫システムの奥深さがみえてきました。

◇〝主役〟に躍り出た樹状細胞

1996年、ホフマン博士は、獲得免疫をもたないショウジョウバエも、特定の敵の侵入を探知して攻撃するしくみを備えていることを発見。「トル」というタンパク質が病原体を感知するしくみを解明しました。翌1997年に、哺乳類もトルに似た「トル様受容体(TLR)」をもっていることが判明し、TLRの機能を探索する研究競争が一気に加速しました。

1998年、ボイトラー博士は、マウスのもつTLRが細菌の表面に存在する「リポ多糖」を感知し、免疫反応をうながすしくみを解明。リポ多糖への免疫の過剰反応で引き起こされる「敗血症」に、自然免疫が関わっていることがわかりました。

その後、哺乳類がもつ十数種類のTLRが、どの病原体をどうやって感知するのか、次々と明らかにされています。この研究では、大阪大学の審《あき》良《ら》静《しず》男《お》教授の研究チームの活躍が突出。ＴＬＲの一種が、細菌の表面ではなく内部にあるＤＮＡの断片を認識するという、驚異的な機能も発見しました。

ＴＬＲの解明が進むなかで一躍、免疫システムの〝主役〟に躍り出たのが、トル発見の23年前の１９７３年にスタインマン博士が発見した「樹状細胞」です。病原体を分解して、その情報を獲得免疫システムに伝えると同時に、獲得免疫の活性化をうながす機能が明らかになりました。この働きには、ＴＬＲなど自然免疫による病原体の感知信号が不可欠で、樹状細胞が獲得免疫のスイッチを入れる〝司令塔〟を演じていることがわかりました。

研究の進展で、感染症や臓器移植の拒絶反応、自己免疫疾患などさまざまな分野で新たな医療の可能性も広がっています。がん細胞を免疫で排除する治療法も、その一つです。

亡くなる4年前にすい臓がんと診断されたスタインマン博士は、自ら発見した樹状細胞を利用する免疫療法を考案し、闘病生活を続けていました。この実験的治療による延命効果のおかげで、異例のノーベル賞受賞につながったのかもしれません。

（中村　秀生）

〝経験〟が遺伝する不思議 鍵は、エピジェネティクス

親から子へと形質を伝える遺伝情報を担っているＤＮＡ（デオキシリボ核酸）は、〝生命の設計図〟と呼ばれています。その設計図が書き換わることなく、親が後天的に獲得した形質が子に受け継がれるらしい現象が、次々と見つかっています。

獲得形質の遺伝、つまり生まれた後の〝経験〟が遺伝するという考え方は、19世紀以来、進化論の論争の過程で否定的にとらえられてきました。この考えに、いま新しい角度から光が当たっています。

◆世代超える化学物質の悪影響

環境中の化学物質による悪影響が世代を超えて伝わる――。国立環境研究所チームは２０１６年、妊娠中の母マウスにヒ素を与えると、子ども世代と孫世代で中年期以降の肝がん発生率が高まるという実験結果を報告しました。ヒ素による孫世代への影響が明らかになったのは初めてです。

肝臓などの体細胞が受けた影響はその個体で終わり、遺伝しません。生殖細胞に何らかの変化が起こり、孫世代に伝わったと考えられます。

母親を通じて胎児が摂取したヒ素の影響が、成長後に現れるのはなぜか。ヒ素そのものは濃度が薄まってほとんど伝わらない孫世代にまで、その影響が現れるのはなぜか……。

この謎を解明する鍵として注目されるのが「エピジェネティクス」です。エピジェネティクスとは「後成説」と「遺伝学」を合わせた言葉で、ＤＮＡを書き換える「突然変異」を起こさずに、遺伝子の働きを調節するメカニズムのことです。

ＤＮＡは、細胞核ではヒストンというタンパク質に巻きついて収納されています。エピジェネテ

ィクスは、ＤＮＡとヒストン複合体を開きやすくしたり開きにくくすることで、遺伝子の働きを調節するしくみ。まったく同じＤＮＡをもつ細胞がさまざまな臓器や器官に分化するのに重要な役割を果たす、生命現象に必須なメカニズムです。おもな機構として「ＤＮＡメチル化」と「ヒストン修飾」が知られています。環境研チームの実験

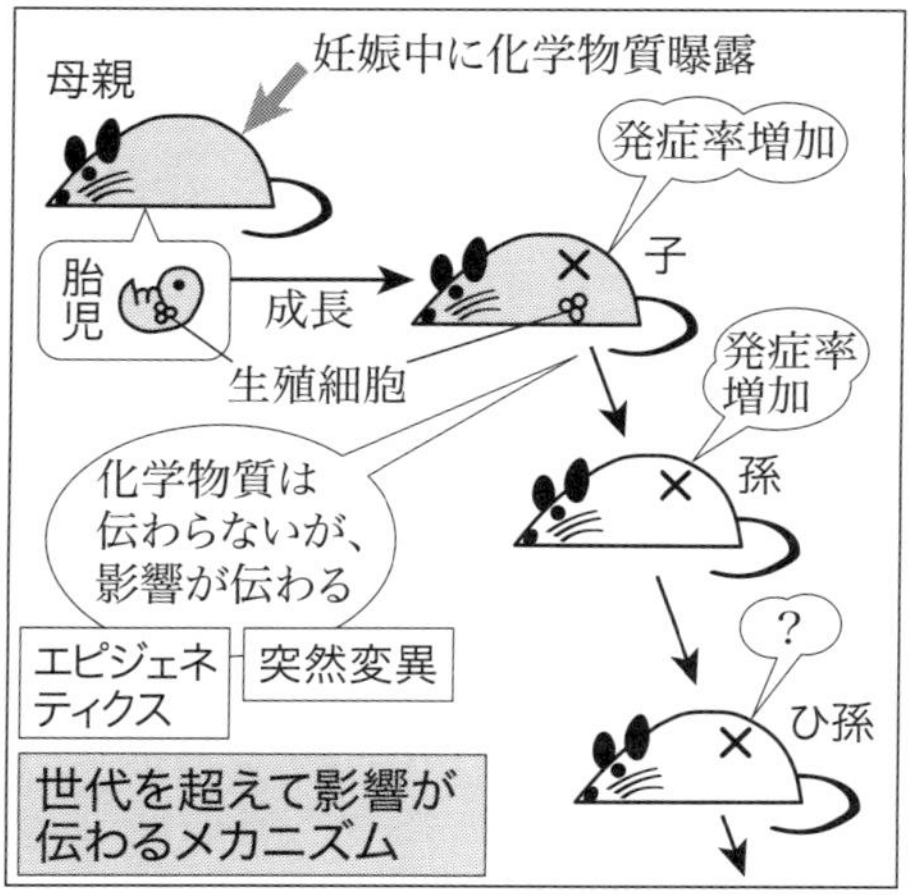

で、肝がんを発症した子ども世代のマウスでは、がん遺伝子のＤＮＡメチル化の状態が変化していました。エピジェネティックな状態は、生殖細胞がつくられるときに「初期化」されて次世代に伝わらないというのが、最近までの〝定説〟でしたが、なんらかの形で子に伝わった可能性があります。

　さらに、別のがん遺伝子の突然変異が、肝がん増加に寄与している可能性も明らかになりました。がん増加には、エピジェネティックな変化と遺伝子の突然変異の両方のメカニズムが働いていたと考えられます。

　孫世代でも、興味深い結果が得られました。胎児期にヒ素を与えられた父親から生まれた孫世代のオスで肝がんが増えましたが、ヒ素を与えられた母親から生まれた孫世代に影響はみられませんでした。ヒ素の影響が精子を通じて次世代に伝わることを示唆しています。

　別の研究チームは、ある農薬の成分を妊娠中に

与えたラットで4世代に悪影響が伝わることを報告しています。突然変異ではなくエピジェネティクスが主要な役割を果たしているとみられていますが、具体的メカニズムは謎です。また、理化学研究所チームはハエの目の色の研究で、ストレスの影響がエピジェネティックに遺伝するメカニズムを解明。熱い研究分野となっています。

◇再登場した「獲得形質の遺伝」

この原稿を執筆中だった2016年5月、アメリカ・タンザニアの研究チームが、オカピの首が短いのにキリンの首が長く進化した原因のタンパク質をつきとめたというニュースが飛び込んできました。

キリンは、高い枝の葉を食べようと、いつも首を伸ばす努力をしていたから首が長く進化した——そんな例が引き合いに出される「用不用説」は、フランスの生物学者ラマルク（1744～1829）が「獲得形質の遺伝」とセットで提唱した学説です。後天的な経験や努力による形質が遺伝して進化の原動力になるという用不用説の考え方は、今ではもちろん否定されています。現在の進化学は、ダーウィンの自然選択説（1858年）を基礎に発展したものです。

最近の分子生物学は、ダーウィンの時代には謎だった遺伝のメカニズムを次々と明らかにしてきました。エピジェネティクスを介した〝獲得形質の遺伝〟の再登場に、感嘆を禁じえません。とはいえ、遺伝を担う主役はDNAであり、エピジェネティクスはあくまで脇役。進化への寄与はまったくの未知数です。

それにしても、ため息が出るほどの生命現象の複雑さです。2003年にヒトゲノム（全遺伝情報）の解読が完了し、詳細な〝設計図〟を手にした生命科学の前には、なお広大な未知なる領域が広がっています。

（中村　秀生）

生き物の不思議

ウナギと深海魚の深い関係

ウナギは謎の多い魚です。食べられるぐらいに大きく育った天然のウナギが捕れるのは川や湖ですが、生まれるのは海です。秋から春にかけて体長が5センチメートルほどの透明なウナギの子ども、シラスウナギが各地の沿岸にやってきて川をのぼるので、海で生まれていることはわかっていたものの、いったい広い海のどこで産卵しているのか、長い間、謎につつまれていました。

◆謎だった産卵場所が判明

それが明らかになったのは、2005年の6月のことです。東京大学海洋研究所の塚本勝巳教授たちの研究グループが、日本から2000キロメートル以上南の太平洋・マリアナ諸島西側の海域で、卵からかえって数日しかたっていないウナギの仔魚《しぎょ》を捕まえました。目も口もまだできていない、生まれたてのウナギでした。

塚本さんたちは、多くの研究者が長年積み重ねてきた研究をもとに、ウナギはマリアナ諸島北西の海底にそびえる海山で（海山仮説）、新月の日にいっせいに産卵する（新月仮説）ことを提唱、1990年代から調査を続けていました。十数年の歳月を経て、狙いはぴたり的中していたことが証明されました。

海山の頂上は水深10メートルぐらいのところにあります。ウナギは、山頂付近の浅いところで生まれるという見方もありました。しかし、水産庁などが行った2008年の調査で海山周辺の水深220～280メートルで性的に成熟したウナギが捕獲されました。ウナギが深海で産卵することを示すものと考えられています。

2010年の年明け早々、ウナギが外洋の深海で生まれる理由を解き明かす研究結果が発表されました。何と、ウナギの祖先は深海魚だったというのです。

　塚本さんと同研究所の西田睦教授、千葉県立中央博物館の宮正樹上席研究員たちは、さまざまな種類のウナギの仲間を含む56種の魚の細胞内小器官ミトコンドリアのＤＮＡを解読し、比較しました。ウナギの仲間がどのように進化してきたかを示す系統樹をつくるためです。

　その結果、外見ではウナギによく似ていて浅い海や大陸棚などにすむアナゴやハモ、ウツボは系統的にみると遠い関係にあることがわかりました。ウナギに近縁とわかったのは、意外にも外洋の深いところにすむシギウナギやノコバウナギ、フクロウナギなどでした。これらの魚は巨大な口や、くちばしのように変形したあごを持つため、これまでウナギとは縁遠いとみられていました。研究グループは、今回の結果から、ウナギは外洋の深海にすんでいた祖先から進化した可能性が高いと考えています。

◇深海から川へ進出したのは

　ウナギが水圧や塩分濃度など環境が大きく異なる深海からわざわざ遠く離れた日本の川や湖までやってく

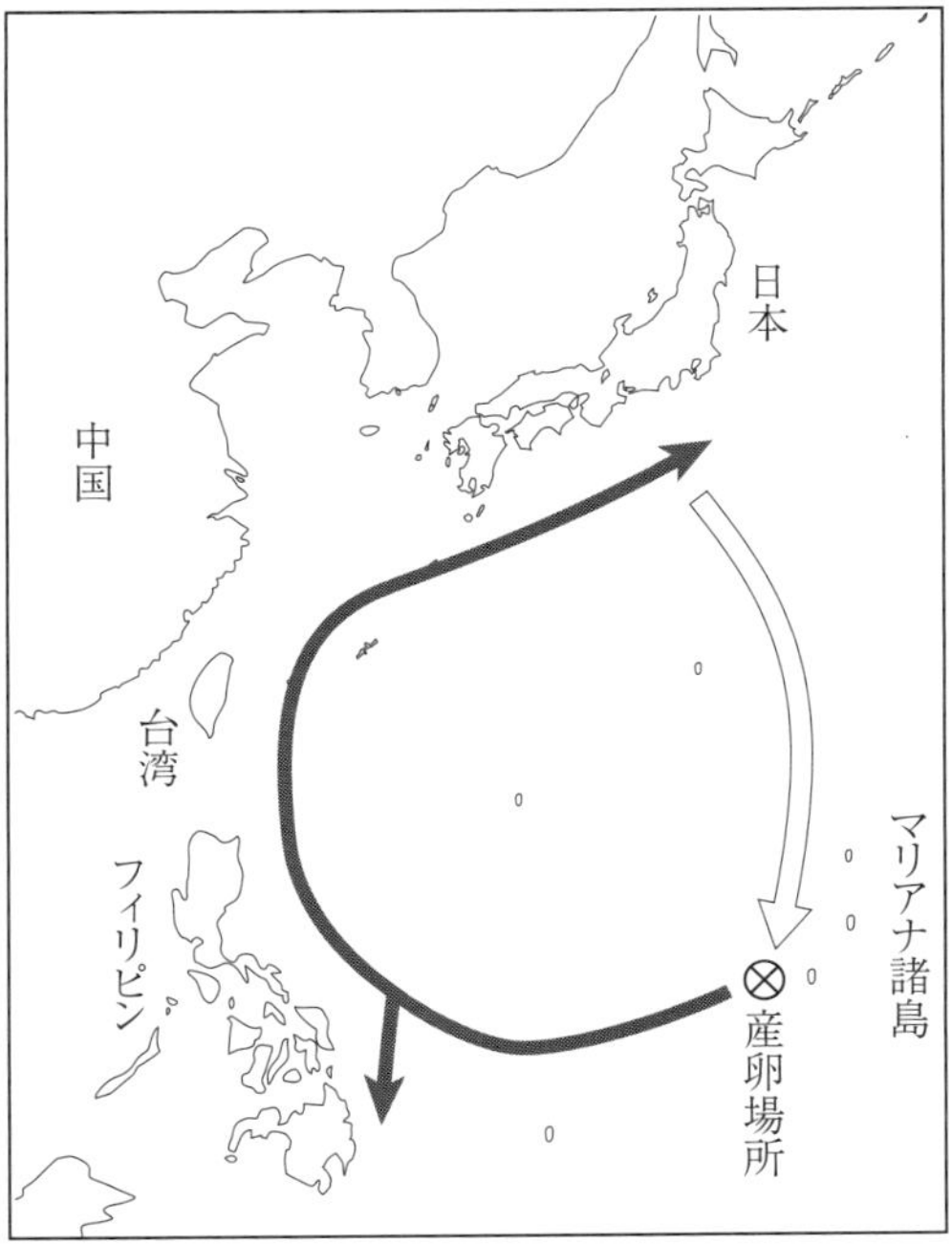

ウナギの移動経路

るのはなぜでしょうか。それを解くかぎは、餌にあるとみられています。ウナギの祖先がいたとみられる熱帯や亜熱帯では、海より川や湖の方が栄養豊富です。このため、ウナギは川や湖で餌を食べて大きく育つと遠い昔から慣れ親しんだ外洋の深海へ行き、産卵するようになったというのです。

この考えを裏付けるような証拠が見つかっています。日本の沿岸などでは、川をのぼらずに海に居残る「海ウナギ」が広くみられます。これは、温帯では海も比較的栄養が豊富なためと考えられています。

今、私たちの口に入るウナギのほとんどは養殖されたものです。養殖といっても、マダイやヒラメのように卵から育てるのと違い、川をのぼる前のシラスウナギを捕獲して半年から1年養殖池で魚粉を中心とした餌を与えて大きくします。

卵から育てる完全養殖ができないか、半世紀前から研究が始まりました。日本の川や湖では性的に成熟したウナギは見つからないため、それをつくりだすところからのスタートでした。ようやく人工授精させた卵をかえすことができるようになったものの、今度は仔魚に何を食べさせればいいのかわからず、20年以上研究は前へ進みませんでした。

水産総合研究センター養殖研究所のグループが、サメの卵を凍結乾燥させて粉末にすると食べることを発見したのは１９９６年。試行錯誤を重ねた末、２００２年に世界で初めてウナギを卵から食べられる大きさまで育てることに成功しました。

近年、とれるシラスウナギの量が減っています。人工ふ化した仔魚がシラスウナギまで育つ率も低く、コストも高いなど問題は山積みですが、将来、食べるウナギは完全養殖が当たり前になるのかもしれません。

（間宮　利夫）

まさか、毒が主食に⁉ 昆虫と食草の共進化

奈良時代の人々にとっては毒性が強くて、食べた子どもたちの多くが死んでしまったような植物を、現代の子どもたちが主食として食べているというような状況が、想像できるでしょうか。いくら人間の食文化が時代や場所によって移り変わるとはいっても、毒が主食に変わるほどの大きな進化を、数十世代ほどの短期間で遂げられるとは思えません。

ところが、そんな進化を遂げた生き物が身近にいます。河川敷などに生息し、花粉症の原因として知られる外来植物「ブタクサ」の天敵昆虫「ブタクサハムシ」です。

20年ほど前に日本に侵入した北アメリカ産のブタクサハムシ。もともとすんでいた北アメリカでの食べ物の〝好き嫌い〟を短期間で乗り越えて、日本で独自の進化を遂げていることが、最近の研究でわかりました。

◆防御力低下した食草に適応

北アメリカ産のブタクサが日本に侵入したのは、1877年ごろとみられています。1950年代には近縁種のオオブタクサも北アメリカから日本に侵入。両種とも、天敵のいない環境で分布を拡大しました。さらに1990年代半ば、ブタクサハムシ（以下、ハムシ）が日本に侵入すると、意外なことが起こりました。もともと北アメリカではブタクサだけを食べていたハムシが、侵入後まもなく、〝体に毒〟なオオブタクサも激しく食べ始めたのです。

「オオブタクサに何かが起こったことは、間違いない」。東京農工大学の深野祐也・学術振興会特別研究員は、〝追いかけっこ〟のような侵入の歴史によって3種の関係がガラリと変化したこと

オオブタクサを食べる日本のブタクサハムシの幼虫と成虫（田中陽介博士撮影）

に着目して研究を開始しました。深野さんの研究チームは、①ハムシより早く日本に侵入・定着したオオブタクサが天敵のいない環境で防御力を低下させた結果、40年後に侵入したハムシにとってオオブタクサは食べられるものになっていた、②ハムシは、新たに食べられるようになったオオブタクサを、よりうまく利用できるよう適応した――という仮説にもとづいて、さまざまな野外調査や飼育実験をしました。

ハムシの成虫メスがオオブタクサを食べる量、産卵数、幼虫の生存率などを調べました。その結果は、明瞭に仮説を裏づけるものでした。

北アメリカのハムシでは、北アメリカのオオブタクサを食べて育った幼虫の生存率は7％でしたが、日本のオオブタクサを食べた幼虫の生存率は32％でした。このことは、日本に侵入後、オオブタクサが天敵への防御力を低下させたことを意味します。オオブタクサにとっては、防御力に費やすエネルギーを節約して、種子や雄花をたくさんつくるように進化したと考えられます。

一方、日本のハムシは、北アメリカのオオブタクサを食べた幼虫の生存率が63％、日本のオオブタクサを食べた幼虫の生存率は83％でした。北アメリカのハムシと比べて生存率が格段にアップしたことから、ハムシが、日本に侵入して20年というきわめて短期間で、器用な適応を遂げていることがはっきりとみてとれます。

北アメリカにすむハムシにとってオオブタクサは、幼虫の生存率がたった7%ですから、いわば〝毒〟です。対して、現在の日本にすむハムシの生存率が83%というのには驚きです。

「現在の日本のハムシは、ブタクサもオオブタクサも同じくらい好きなようです」と深野さん。「むしろ最近は、関東ではブタクサがあまり見られなくなっており、日本のハムシはオオブタクサを食草にしているといってもおかしくない状況です」。

◆侵入時期の〝ずれ〟が重要

植物を食べる昆虫は〝好き嫌い〟が激しく、食草を変えることによって多様な種に分かれてきたと考えられています。ひょっとすると、日本のブタクサハムシは遠い将来、種分化して「オオブタクサハムシ」になってしまうかもしれません。

深野さんは、ハムシが、幼虫の解毒能力、成虫の産卵行動、あごの形といった、生理・行動・形態の性質を一気に変えて進化したと指摘。今後、どのような遺伝子がかかわっているのか探索をめざします。

いずれにしても、研究で明らかになった進化の速さには、深野さん自身も驚いたといいます。食草拡大の過程には、先に植物が侵入・定着した所に、後で天敵昆虫が侵入する時期の〝ずれ〟が重要なようです。

「進化を野外で観察したい」というのが深野さんの原点。外来種の侵入は、野生ではあまりみられない現象を解明する重要な機会になると着目しました。今回のような外来の昆虫と食草との短期間での共進化は、生態系にどのような影響を引き起こすのでしょうか。進化のカラクリの一端を解明したその先には、さらに大きな謎が広がっています。

（中村　秀生）

アブラムシと共生細菌
生命の不思議な一体化

『パラサイト・イヴ』（瀬名秀明著、1995年、角川書店）というSFホラー小説をご存知でしょうか。ヒトを含む動物や植物の細胞内にある小器官の一つで、細胞にエネルギーを供給する「ミトコンドリア」が、宿主である人間に反乱するという物語です。

それは、ミトコンドリアが、太古の昔、動物や植物などの共通祖先である単細胞生物に取り込まれた細菌の末裔《まつえい》だという考えがもとになっています。そうした生命進化の歴史を背景にしたこの小説は、ミトコンドリアを擬人化することで、虚構とはいえ、生命の営みを躍動的に描きました。

植物の細胞内で光合成の機能を担っている「葉緑体」も、やはり太古の昔に植物の共通祖先に取り込まれたシアノバクテリア（酸素発生型の光合成を行う細菌）に由来すると考えられています。

細胞内小器官の祖先である細菌がもっていた遺伝子の多くは、進化の過程で宿主側に移行してしまいました。ミトコンドリアも葉緑体も、祖先は独立した生き物だったのに、今となっては別の生き物の細胞内小器官としての地位に甘んじている……。いかにも小説で擬人化されるにふさわしい存在ではないでしょうか。

ところで近年の研究によると、多細胞生物であるアブラムシが、共生細菌との間で似たしくみを進化させているというのですから驚きです。

◇体内にある〝菌の牧場〟

アブラムシは「アリマキ」の異名をもち、アリに分泌物をあげる代わりに天敵から守ってもらうユニークな共生関係で知られる昆虫です。一方で自分の体内にすむ共生細菌「ブフネラ」とは絶対的な相互依存関係で結ばれています。アブラムシ

研究に使ったエンドウヒゲナガアブラムシ。幼虫（右奥）**を産んでいます。体長は数ミリメートル**（中鉢淳さん提供）

は必須アミノ酸など栄養分をブフネラに依存して生きています。もともと大腸菌に近縁なブフネラの祖先が2億年ほど前に何かのきっかけでアブラムシの祖先の体内に取り込まれました。そしてアブラムシの親から子へと受け継がれている間に多くの遺伝子を失い、ブフネラは自分だけで生きていくことができなくなってしまいました。別の生き物である昆虫と細菌が合わさって、まるで一つの生き物のように生きているのです。

　ヒトを含む多くの動物にも腸内細菌がいますが、腸内といっても生物学的には体の外。ところがアブラムシには、人間でいえば心臓や肝臓があるような場所に細菌を飼う専門の細胞「菌細胞」があり、そこにブフネラがびっしりつまっています。アブラムシが、ブフネラを飼う〝牧場〟のような臓器をもっているといったところでしょうか。

　豊橋技術科学大学の中鉢淳《あつし》准教授たちの研究チームは、このユニークな共生関係に注目。アブラムシが、ブフネラの遺伝子や過去に感染した別の細菌の遺伝子を、自分のゲノム（全遺伝情報）として取り込み、その一部をブフネラの維持のために利用しているらしいことを、２００９年に明らかにしました。

　そして２０１４年には、アブラムシが細菌から獲得した遺伝子を利用して実際にタンパク質をつくっていること、そのタンパク質が菌細胞だけに存在し、その中にいるブフネラの内部や外側を包む膜の周辺に存在しているということをつきとめました。タンパク質は、アブラムシの菌細胞でつくられ、ブフネラに運ばれていたのです。

共生細菌から宿主への遺伝子の移行、移行した遺伝子によるタンパク質合成、タンパク質の共生細菌への輸送は、ミトコンドリアや葉緑体などの細胞内小器官が成立していく過程の重要なカギとされています。今回の発見で、それと同様の進化が多細胞生物である動物でも起きたことが、世界で初めて示されました。

ただ、今回のタンパク質がどのような機能をもっているのかは、まだ謎です。中鉢さんたちは、その解明にむけた実験を進めています。

◇親から子へ、多様な道

ブフネラは一方で、ミトコンドリアや葉緑体とは違ったユニークな進化の道を進んでいます。単細胞生物同士の共生から進化したミトコンドリアは宿主である動物や植物のあらゆる細胞内で小器官として働いています。こうした〝究極の共生〟にたいして、多細胞生物になった後で共生を始めたブフネラは菌細胞の中だけに存在し、生殖細胞にはいません。アブラムシは親から子へとブフネラを受け渡していくしくみを独自に進化させる必要性があったのです。

アブラムシは体内で「胚」と呼ばれる次世代の赤ちゃんを育てていますが、その初期の段階の胚に親虫からブフネラが入り、胚が発達するにつれてブフネラを囲うように菌細胞が形成されるといいます。

生命の融合という不思議、そしてその道の多様さに、小説の世界をも超越する自然の奥行きを感じます。

（中村　秀生）

田んぼが天然の発電所　不思議な微生物パワー

金魚を飼うのと同じように毎日エサをやるだけで、微生物が発電を続けてくれる――。そんなユニークな装置「微生物燃料電池」の研究開発が進んでいます。与えるエサは生ゴミでもＯＫ。微生物の働きをうまく利用することで、田んぼも〝発電所〟になるというから驚きです。

生き物による発電といえば、デンキウナギやシビレエイが独特の発電器官を発達させ、強烈な電気を発することが知られています。それにたいして、微生物の生命活動で余ったエネルギーをうまく取り出すのが、微生物燃料電池の特徴です。

◆発電の秘密は「無酸素呼吸」

燃料電池とは、水素やメタノールなどの燃料の化学エネルギーを、電気エネルギーに変換する装置です。方式は多様ですが、例えば白金などの触媒が、水素がもつ電子を電極に渡す反応を促進し、その電子が反対の電極に移動して電気が流れます。

微生物燃料電池では、有機物が燃料で、微生物が触媒のような役割を果たします。微生物が、エサとなる有機物を分解しながら、有機物の電子を電極に渡す働きをするのです。いったい、どうやって微生物が電極に電子を渡すのでしょうか。

実は、私たち人間も、食べたものを体の中で分解して細胞内で電子を取り出し、その電気エネルギーを利用して生きています。ただし、酸素を吸って二酸化炭素を吐く「酸素呼吸」をする生き物は、取り出した電子を最終的に酸素に渡します。

電気を流す微生物の秘密は、無酸素呼吸（嫌気呼吸）にあります。無酸素呼吸をする微生物は、酸素の代わりに、硫酸塩など別の物質に電子を渡して生きています。効率のいい酸素呼吸と比較すると、同じエサを食べても少ないエネルギーしか獲得できませんが、酸素のない環境にも適応しているのです。なかには、鉄などの固体に電子を渡すものがいます。微生物燃料電池は、この性質を利用します。固体の電極に電子を渡すことのできる微生物に、いわば〝電極呼吸〟をさせるというわけです。

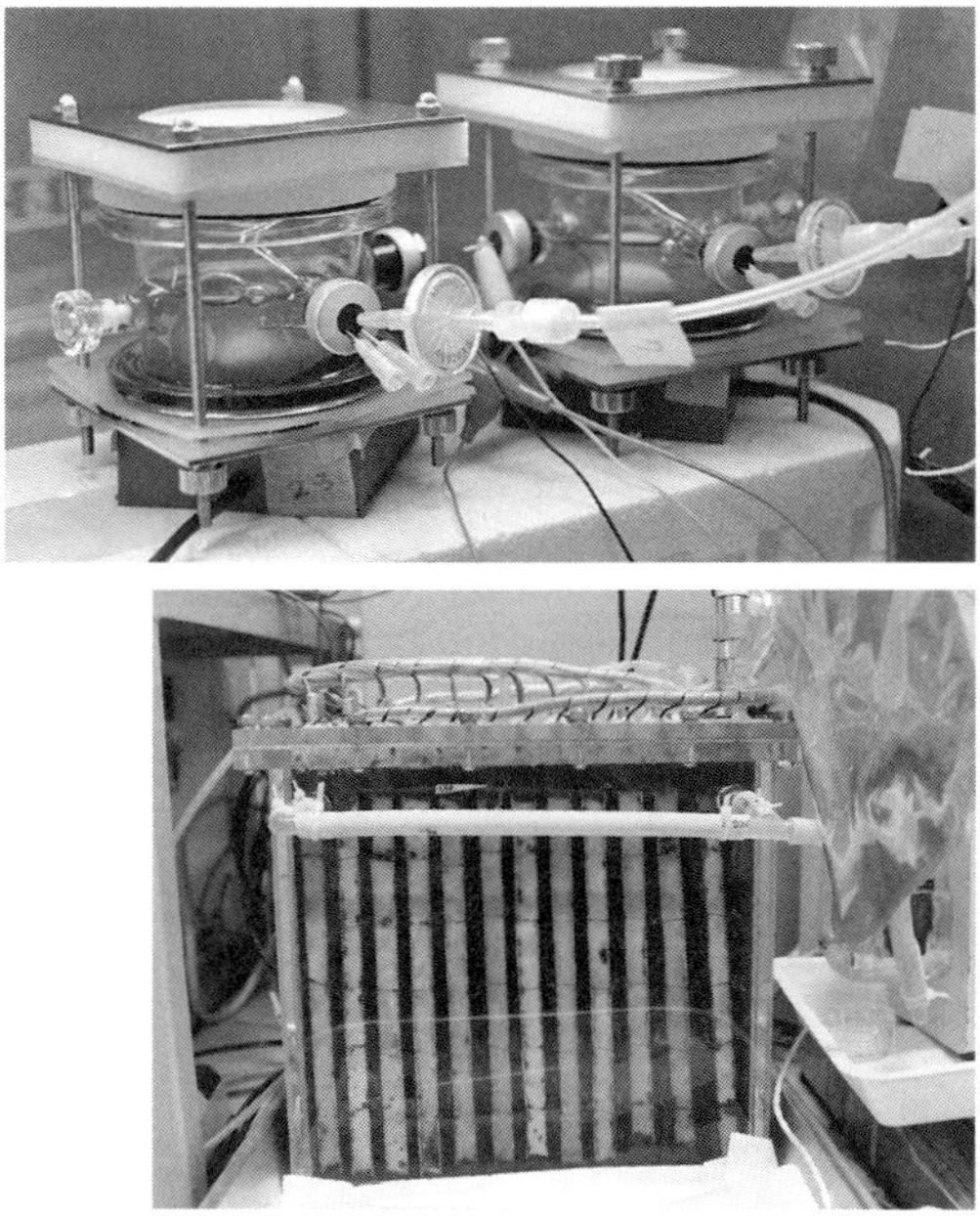

東大チームの「微生物太陽電池」実験の様子（上）**と「微生物燃料電池」**（下）

東京大学の橋本和仁《かずひと》教授たちの研究チームが開発したのは、水田から採ってきた微生物を使い、グラファイト（黒鉛）を電極にした容量1リットルの微生物燃料電池です。エサとなる有機物の量は1日あたり5グラムで、出力は150ミリワット。携帯音楽プレーヤーを聴くことができるといいます。

発電効率は低いものの、微生物燃料電池の利点は、砂糖から廃棄物まで多様な燃料から電気エネルギーを取り出せること。有望なのは、生活排水を分解する微生物群集を使い、下水処理と発電とを組み合わせるシステムです。発電にくわえ、微生物が無酸素呼吸するので空気を送り込む必要がなく、微生物の増殖による余剰汚泥の発生も減らせる――「一石三鳥」の効果が期待されます。

◇光合成と組み合わせて

東大チームでは、エサを与える代わりに、光を当てて微生物に発電させる「微生物太陽電池」の可能性を探る研究も進めています。

「アオコなど光合成をする藻類のなかに、電気を流す微生物がいるかもしれない」。そんな発想で、大学構内の三四郎池で採取した水を微生物燃料電池システムに入れ、光を当ててみたところ、エサなしで電気が流れたのです。調べてみると、藻類が光合成をして有機物をつくり、それをエサにして別の微生物が発電していたことがわかりました。

これと似た発電システムが、水田で実現することも確認しました。土と水の層にそれぞれ電極をさしてつなげただけの〝天然の微生物発電所〟です。イネが光合成をする昼間は、根から土に有機物を供給し、それをエサに微生物が電気を流すのです。夜には発電が止まります。

自然から離れる方向へと進化してきた科学技術は多い。そのアンチテーゼとして、東大チームは「自然との共生」の道を追求しています。

水田にすむありふれた微生物を使って、電気エネルギーを取り出す機能に最適化された生きたシステム。実用化には、まだたくさんの壁を越えなければなりませんが、ユニークな研究から目が離せません。

人類は大昔、狩猟・採集生活から牧畜を始め、文明社会への一歩を踏み出しました。F・エンゲルスは『家族、私有財産および国家の起源』で、牧畜を「最初の大きな社会的分業」だったと指摘しています。文明が発達した今、近代工業の象徴である電気エネルギーを得るのに、生き物の力を借りる——そんな不思議な〝牧畜〟の姿に、人類社会の新しい可能性を予感させられます。

（中村　秀生）

青い花をつくるには

新潟県とサントリーの研究グループが2012年、青い色の花びらを持つユリをつくることに成功したと発表しました。ユリの花びらの色は通常、白、オレンジ、ピンクなど。青い花びらを持つユリは存在しません。ユリは青い色を発色する色素を持たないからです。このため、研究グループはピンクの花びらを持つユリに、キキョウ科のカンパニュラの青色遺伝子を導入して青色色素を合成させました。その一方で、赤色色素の合成を抑え、青い色の花びらを持つユリをつくることができたといいます。まだ、青い色の発色が不十分なため、研究グループはきれいな青色となるユリの開発を進めるとしています。

◇園芸育種家の長年の夢

青い色の花には人の心をひきつける何かがあるのかも知れません。梅雨の季節に咲く青色のアジサイは澄み切った青空を思わせて、じめじめとうっとうしい気分を振り払ってくれます。「ヒマラヤの青いケシ（メコノプシス）」は、高原のすがすがしさをその花色で自ら体現しているかのようです。

もともと青い色の花びらを持たない植物で、青い色の花を咲かす――。それは園芸育種家の長年の夢でした。それを実現したのが遺伝子工学の手法です。サントリーはこれまでも青い花びらを持つカーネーションやバラなどをつくってきました。いずれも、ほかの植物の青色遺伝子を導入してつくったものです。

しかし、青い色の花びらを持つ花をつくりだそうとして、全てが成功しているわけではありません。チューリップも、その一つです。原産地といわれるトルコから、最も生産がさかんなオランダに伝わったのは16世紀で、当時から青い花びらを持つチューリップをつくりだそうという試みが始まっていたといいます。これまで、さまざまな挑戦がありましたが、ことごとくはねつけられ、現在に至るも青い花びらを持つチューリップは実現していません。

赤、白、黄のチューリップ畑。将来は青い花のチューリップが加わる可能性も

こうした現状の中で、この問題に果敢に取り組んだのが名古屋大学の吉田久美教授たちと、チューリップの球根では日本有数の生産量を誇る富山県の農林水産総合技術センターのグループです。青い花びらを持つチューリップは無いといいましたが、外から見えないところ、つまり花びらの内側の底の部分が青いチューリップは存在します。チューリップは青い色を発色する色素を持っており、そこがユリやバラ、カーネーションなどと異なる点です。吉田さんたちは、そうしたチューリップの一つで富山県が開発した、花びらの外側は紫色なのに内側の底の部分が青い色の品種「紫水晶」の花びらの青い色の部分と紫色の部分でどのような違いがあるか調べました。

◆鉄イオン濃度の違い

一般に花の色は、細胞に含まれる色素と、それ自身は無色でも色素の発色に重要な役割を担う助色素の種類と量、それに細胞液の酸性度などで決まります。青い色の色素デルフィニジンは、条件によって赤や紫にもなります。しかし、「紫水晶」の花びらの紫色の部分と青い部分とでは、色素も助色素も酸性度もほとんど違いがありませんでした。唯一違っていたのが、鉄イオンの濃度でした。鉄などの金属イオンは色素と結びつくことで花の色に大きな影響を及ぼすことが知られています。しかし、これまでの例では鉄が結びついた場合、きれいな青色にならなかったので意外な結果だったといいます。

吉田さんたちは、青い部分の細胞に鉄イオンを輸送するタンパク質が存在することをつきとめるとともに、そのタンパク質の遺伝子も特定しました。この遺伝子を紫色の部分の細胞に入れると青い色に変わったといいます。花びらの細胞で色がついているのは表面の細胞だけです。花びらの表面の細胞すべてで、鉄輸送体タンパク質の遺伝子を働かせることができれば、青いチューリップをつくることも夢ではなくなりました。

この研究から浮かび上がった興味深い事実があります。青色色素を持たない、白や黄色のチューリップでも花びらの内側の底の部分の細胞の鉄イオンの濃度は周囲より高かったのです。これについて、吉田さんは面白い仮説を考えています。チューリップは朝開いて夜閉じる運動を繰り返します。花びらの内側の底の部分の細胞で鉄イオンの濃度が高いのは浸透圧を上げて水分を増やすことで細胞を大きくし、開閉運動に役立てているのではないかというのです。

◆青いアサガオのつぼみは……

ところで、開くと青いアサガオの花びらも、つぼみのときは赤い色をしています。これについても名古屋大学の研究チームが、色素を含む細胞の中が酸性かアルカリ性かで色が変わることをつきとめました。つまり、弱酸性だと赤で、弱アルカリ性だと青い色になるのです。不思議がいっぱいの自然に目を向けてみませんか。

（間宮　利夫）

北アルプスの山に登る 〝雑草の王様〟オオバコ

踏まれても、踏まれても、たくましく成長する――。逆境に強い植物のシンボルとして語られることの多いオオバコ。道端や運動場など身近な環境にはびこる、まさに〝雑草の王様〟のような存在です。

葉を広げた姿から「大葉子」と名づけられ、生薬の成分としては中国由来の別名「車前草《シャゼンソウ》」と呼ばれます。オオバコの茎を交わらせて引っ張る草相撲という子どもの遊びや、死んだカエルに葉を乗せると生き返るといった言い伝えもあります。

このように人々の生活に密着しているオオバコが、意外なことに、信州・北アルプスの3000メートル級の山々を望む「上高地」に侵入し、山岳域にまで分布を拡大しています。

◇踏まれることで分布拡大

上高地は、国の特別名勝・特別天然記念物に指定された、日本有数の山岳景勝地です。標高約1500メートル。梓川に沿って自生するケショウヤナギや湿原がある、自然度の高い場所です。約100年前の焼岳の噴火でできた大正池には、立ち枯れの木が並ぶ幻想的な風景が広がっています。一方、目前に穂高連峰が連なる登山基地でもあり、年間150万人以上が訪れています。

「上高地バスターミナルを降りた観光客や登山客は、オオバコの多さに驚く」と言うのは、信州大学山岳総合研究所の渡邉修准教授（雑草学）です。渡邉さんたちの研究チームは2011年夏、登山の起点となる上高地から山岳域にかけて調査を行い、オオバコの分布地図を作製。①上高地園内の遊歩道の全域に分布する、②100年ほど前まで上高地に入る主要なルートだった徳本峠登山道には連続的に分布する、③穂高連峰を目指す登

徳本峠登山道に連続的に分布するオオバコ（渡邉修さん提供）

山者に人気の高い涸沢《からさわ》コースでは大群落が標高1790メートルまで連続分布し、涸沢ヒュッテ周辺など最高標高2350メートルまで散見された、④登山客が比較的少ない蝶ケ岳へのコースの標高1600メートル以上にはほとんど分布しない――ということをつきとめました。

オオバコは、踏みつけられると花茎数や葉の枚数を増やし、踏みつけに強い形態に変化することが知られています。種子がぬれると粘着物質を出して靴などにくっつき、乾くと地面に落ちます。こうした特性から人が歩く場所で分布を拡大します。

北アルプスへは、長い年月をかけて低地からの人の移動に伴って繰り返し侵入し、分布を広げたと推測されます。登山者が比較的少ないコースにほとんど生育せず、人気コースでは高標高の山小屋周辺にも生育するということは、「多くの人が訪れる場所ほど、高山の厳しい環境に適応できる個体が生存するチャンスが多い」（渡邉さん）ことを示しています。

オオバコの侵入は、自然度の高い高山の植生や景観を損ねてしまうような、過剰な人間活動を示す指標の一つとも言えます。石川県と岐阜県にまたがる白山は、より深刻な問題を抱えています。

自生する高山植物ハクサンオオバコの分布域に、低地性のオオバコが侵入。両者が交雑した雑種が生まれていることが最近、石川県白山自然保護センターなどのDNA分析で確認されました。外来種の遺伝子が入り込むことで純粋なハクサンオオバコがいなくなること（遺伝子撹乱）を防ぐため、雑種とオオバコを除去する活動も行われています。

◇撹乱に依存する生存戦略

人に踏まれて山に登る――その背景に、雑草としてのオオバコの生存戦略がみえてきます。

雑草には、さまざまな定義があります。「人間生活に役立たない雑多な植物」「農耕地での栽培種以外の植物」といった漠然としたイメージが一般的ですが、生態学的な観点から「たえず外的な干渉や生存地の破壊が加えられていないとその生活が成立・存続できないような特殊な一群」といった定義がされています。

雑草は、栄養分が高く日当たりのいい土地では、背の高い樹木などとの競争に敗れてしまいます。低温や乾燥、栄養分の少ない過酷な環境では、ストレスに強い植物が有利。雑草は、大量の種子を広範にまいたり、環境がよくないときに休眠して生き延びたり、チャンスが訪れると短期間で生長するといった〝得意技〟をもち、洪水や土砂崩れによる植生の破壊や人間による環境の改変など、何らかの撹乱に依存して生きる戦略をとってきたわけです。

農耕や開発といった人間活動の広がりに伴って、雑草は世界中に分布を拡大しました。なかでも「踏まれることで勢力を広げる」というユニークな得意技をもつオオバコ。人間の行く所に、適応能力の限界までついて来るのでしょう。その生き様は、人間活動のありようについても何かを問いかけているように思えてなりません。

（中村　秀生）

東北沿岸の生き物たち大津波を乗り越えて……

2011年3月の東日本大震災で東北地方の沿岸部を襲った大津波は、海辺の生き物がすむ干潟や藻場、ヨシ原などの環境にも影響を及ぼしました。カニや貝、エビ、アナジャコ、ゴカイなど、干潟の泥の上をはい回ったり泥の中に潜り込んで暮らす多様な底生動物がすみ、それをエサとする鳥や魚がたくさん訪れる自然豊かな環境は、どうなってしまったのか、そして今後どうなるのか――。海洋学、生態学などの専門家が翌2012年2月、仙台市でシンポジウムを開きました。

沿岸域の各地の調査からみえてきたのは、壊滅的な被害を受けた場所がある一方、予想を超える早さで復元が進む場所があるなど、自然の営みの多様さでした。

◇場所で異なる環境変化

仙台湾に注ぐ七北田川《ななきたがわ》の河口部に形成された蒲生潟《がもうがた》。泥干潟やヨシ原が広がり、多様な底生動物が生息していました。しかし津波の襲来で蒲生潟の環境は一変。砂嘴《さし》（＝砂が堆積した細長い地形）が壊れて外洋と直結。ヨシ原は消失して砂干潟となり、堤で隔てられていた淡水池にも海水が入りました。

国立環境研究所の金谷弦研究員らの研究チームが2011年6月に現地調査をしたところ、砂嘴は再びつながって元の地形に戻っていました。

研究チームは60カ所で採取した泥や砂を調べました。震災前には蒲生潟の奥部に堆積していたヘドロが消失して全域が砂になり、底生動物にとってすみやすい環境になっていました。コメツキガニやカワゴカイ類などが分布域を拡大する一方、アサリやアシハラガニが激減。震災前にいた種で震災後もみられたのは44％でした。海の方にすむ

震災後の蒲生潟の様子と震災後、蒲生潟で激減したクロベンケイガニ（金谷弦さん提供）

チョウセンハマグリやオキナガレガニが新たに出現しました。

8月になると河口が閉そくして蒲生潟は淡水化し、生き物は激減。9月の台風では再び砂嘴が決壊しコメツキガニやイソシジミなどが干潟ごと海に流されてしまいました。

東北沿岸の各地の干潟環境はどう変化したか――。東北大学生命科学研究科の鈴木孝男助教は、南三陸から仙台湾にかけて調査しました。砂泥底の干潟が広がっていた志津川湾の細浦は震災後、地盤が沈下し底土が持ち去られて干潟は消失するなど壊滅的な打撃を受けました。対照的に、松島湾の桂島では、海中の草原として生命を育むコアマモなどが震災後も残されており、底生動物も68％の種が生き残っていました。

底生動物の出現種数は、9カ所の調査で、震災前にいた種の震災後の生残率は16～73％と場所によって大きく異なることが分かりました。海にすむ生き物が津波で運ばれて干潟に新たに出現し、震災前より種数が増えた場所が5カ所ありました。

◇干潟の恵みの大切さ

多様な生き物がすむ干潟は〝生命のゆりかご〟と呼ばれます。湿地とそこにすむ動植物の保全を目的とするラムサール条約の登録湿地の潜在候補地には、東日本大震災で被災した干潟や藻場などが7カ所、選定されています（2010年、環境省）。

　長期間にわたって蒲生潟を調査してきた金谷さんは、干潟の環境を守る底生動物の役割に注目しています。カワゴカイの仲間は数センチメートルの巣穴をつくって干潟の表面積を増やし、深部まで酸素を供給。コメツキガニは砂を食べて栄養分をこし取った残りを丸め5ミリメートルの砂団子をつくります。底生動物には、環境中の有機物を活発に食べて除去することで、沿岸域の環境を浄化する働きがあります。「ミミズが畑を耕すように、底生動物は〝縁の下の力持ち〟として干潟を日夜、耕している」と金谷さん。

　干潟は、自然の浄化槽の役割を担っています。10平方キロメートルの干潟の浄化能力は、10万人規模の下水処理施設に相当すると言われています。

　今回、蒲生潟は津波、河口の閉そく、台風による厳しい環境激変がありました。しかし、6月にはみられなかったカワザンショウガイの仲間が、激変を乗り越えて残されたヨシ原で多数生きていたことから、金谷さんは「環境が回復すれば、底生動物の多くが遠くない未来に戻ってくる」と期待しています。

　金谷さんはシンポで訴えました。「沿岸域の生態系は徐々に回復していくと思うが、早い段階で回復する部分と時間がかかる部分がこれからはっきりしてくる。長い目で監視して、どこまで回復しどの種類が戻ってきていないか、じっくりとみていかなくてはならない」

　大津波が数十～数百年ごとに繰り返されるダイナミックな環境変化のなかで形成されてきた東北沿岸の命のゆりかご。今回の震災を、その自然の恵みの大切さを改めて考える契機にしたいですね。

（中村　秀生）

地球・自然・環境

「沈黙の春」ふたたび

「自然は沈黙した。薄気味悪い。鳥たちは、どこへ行ってしまったのか」「春がきたが、沈黙の春だった」。アメリカの生物学者で作家の、故レイチェル・カーソンが１９６２年に発表した『沈黙の春』の冒頭の一節です。鳥を追いやったのは天敵ではなく、ＤＤＴ（ジクロロジフェニルトリクロロエタン）をはじめ、殺虫を目的とした化学薬品でした。当時、世界ではこれらの化学薬品が農地に限らず、一般家庭を含むあらゆる場所で散布され、その影響は害虫だけでなく、春の到来を告げてくれる鳥たちや、人々にまでおよんでいたのです。

カーソンは、化学薬品を過剰に使用することが環境に、ひいては人間に害悪をもたらすことを、具体的な事例をもって、世界で初めて広く訴えました。

『沈黙の春』は、化学薬品をつくっている巨大化学メーカーなど産業界から大きな反発を招きましたが、ＤＤＴなどの危険性が科学者によって次々に明らかにされるなかで、当時さかんに使われていたそれらの化学薬品は多くの国で使われなくなっています。

◆野鳥の減少と化学物質

こうした経験を経て、今では、殺虫を目的とした化学薬品はＤＤＴのようにいつまでも壊れず環境中に残ったり、毒性が強かったりしないものが使われていると思われていました。ところが、野鳥を観察している人たちからは「近ごろ鳥が少なくなった」という声がふたたび聞かれるようになりました。その理由はわかりませんでしたが、謎を解く手がかりになるかもしれない情報がオランダの研究者によってもたらされました。科学誌

『ネイチャー』（２０１４年７月10日号）に、オランダ・ラットバウト大学などの研究グループが、ネオニコチノイドの濃度が高い場所で野鳥が減少していることが明らかになったと発表したのです。

ネオニコチノイドは、天然の殺虫剤として使われてきたニコチノイド（タバコの葉に含まれるニコチンなど）に似た構造をもつ人工の化学物質です。神経系に作用して害虫を殺す一方、哺乳類や鳥類などには影響が少ないとして、20年ほど前から、それまで使われていた殺虫剤の代わりに日本を含む各国でさかんに使われるようになっています。オランダでは、１９９４年からネオニコチノイドの１種のイミダクロプリドが使われるようになり、10年あまりで使用量が10倍近くになったといいます。

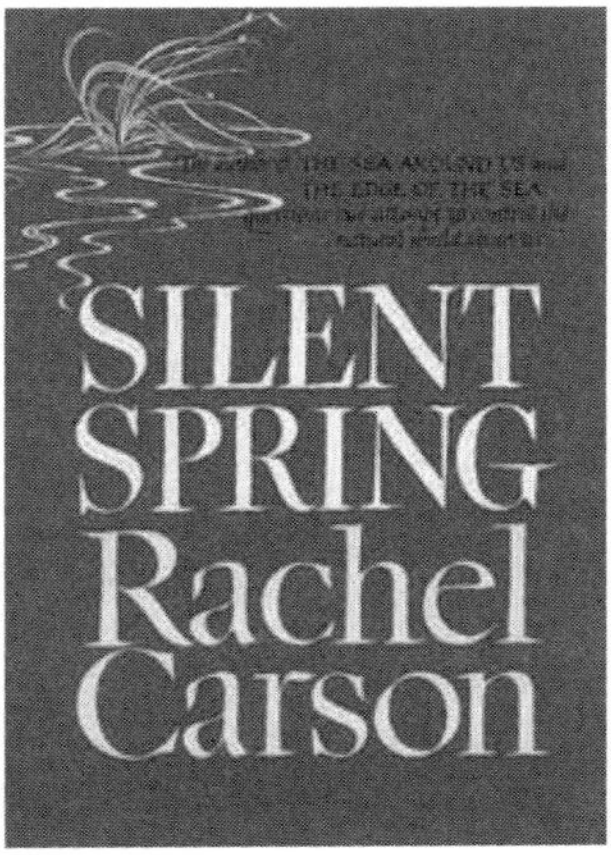

1962年にアメリカで出版されたレイチェル・カーソンの著書『沈黙の春』

研究グループは、２００３年～０９年にかけて行われたオランダ国内各地の農地の水に含まれるイミダクロプリドの濃度の調査結果と、２００３年～１０年にかけて行われたそれぞれの農地にいる野鳥の生息調査結果にどのような相関があるか調べました。対象とした鳥は、昆虫を餌とするスズメ目の15種で、イミダクロプリドの濃度が水１リットル中に約20ナノグラム（1ナノグラムは10億分の1グラム）より高い場所ではほとんどが数を減らしていることが明らかになったとしています。

研究グループは、減少の主な原因はイミダクロプリドによって野鳥が餌にしている昆虫がいなくなったためとみていますが、食べた昆虫に含まれていたイミダクロプリドが鳥の体内に蓄積したことが影響している可能性もあると指摘しています。

◆ミツバチ減少にも関連?

ネオニコチノイドをめぐっては、目的とした害虫以外に、野菜や果実の花粉を媒介する昆虫の数を減らす原因ではないかと疑われています。代表的なものに、ミツバチが突然大量にいなくなる「蜂群崩壊症候群」があります。原因ははっきりしていませんが、フランスでは１９９４年にネオニコチノイドが使われるようになってすぐミツバチが消える現象が起きたため、関連があるとする見方が広がりました。

日本でも、農業・食品産業技術総合研究機構と農業環境技術研究所が２０１４年7月18日に発表した研究結果は、夏季に水田周辺でミツバチが大量に死ぬ現象について、カメムシ防除のために使われたネオニコチノイドを含む殺虫剤が原因だった可能性があるとしています。

ＥＵ（欧州連合）は２０１３年12月からイミダクロプリドを含む3種のネオニコチノイドの使用を全域で2年間原則使用禁止措置をとりました。3種に含まれるクロチアニジンを生産している住友化学は「行き過ぎたもの」だとＥＵの決定に反論しています。

この原稿を書いているときに、厚生労働省の部会がクロチアニジンの食品中の残留基準を緩和する案を了承したというニュースが飛び込んできました。より多くの作物に使えるようになるといいます。『沈黙の春』の最後の章で、カーソンは「私たちは、いまや分かれ道にいる」と述べています。すでに現れている現象に目をつむるのか、災いを未然に防ぐために英知を発揮できるのかが問われているように思います。

（間宮　利夫）

自然環境を脅かす国内外来魚

〝外来魚の脅威〟といえば、ブラックバスなど海外の魚が注目されてきました。一方、メダカやコイなど日本の身近な魚も、本来いない地域に人為的に持ち込まれ、「国内外来魚」として地域ごとの生物や生態系に深刻な影響をもたらしています。

国内でも国外でも外来魚としての本質的な差はなく、いずれも捕食や競争によって在来魚を脅かします。

しかし国内外来魚には、それにとどまらない特有の問題があります。日本魚類学会自然保護委員会の瀬能宏さん（神奈川県立生命の星・地球博物館専門研究員）は、①本来の生息地と環境が似ている場合が多く、定着しやすい、②在来魚と同種の亜種や近似種の場合、区別が難しい、③一見、共存しているように見えたり、交雑による遺伝子汚染など、影響が外からわかりにくい――といいます。

◇近縁種の〝同居〟で激減

在来魚と近縁の国内外来魚が侵入して〝同居〟を始めると、数年で在来魚がいなくなって外来魚に置き換わってしまう。「国内」ゆえに複雑な、在来魚を脅かすしくみの一端が、絶滅が心配されるシナイモツゴの研究で明らかになってきました。

シナイモツゴは、ため池などに住む日本固有種。かつて東日本に広く分布していましたが、1940年代ごろから分布域が急激に縮小。並行して、国内では西日本にのみすむ近縁種モツゴが、コイやフナの移植放流にまぎれ東日本に分布を拡大しました。状況証拠から、モツゴの侵入がシナイモツゴ絶滅の引き金と推測されましたが、メカ

モツゴ（上）**とオヤニラミ**（下）
（中井克樹さん提供）

ニズムは謎でした。

信州大学の小西繭《まゆ》研究員たちは、わずかに残るシナイモツゴ生息地のため池の調査や繁殖行動の実験で、両種の交雑がシナイモツゴに不利にはたらくことをつきとめました。

両種は交雑しても、生まれる雑種に繁殖能力はありません。子孫を残せない交雑は両種に不利益です。では、なぜシナイモツゴだけが減るのか――。

謎を解くカギは、シナイモツゴ同士の交配に、モツゴのオスが割り込む「スニーキング行動」にありました。モツゴの卵からはすべてモツゴが生まれる一方、シナイモツゴの卵のうち一部は、モツゴのオスによるスニーキング行動によって繁殖能力のない雑種になっていたのです。

小西さんは「モツゴがいったん優勢になって定着すると、あっという間にシナイモツゴと置き換わる。同じ場所で一緒に仲良くすることはない」といいます。

◇絶滅危惧種も在来魚の脅威に

瀬能さんによると、日本の淡水魚３１２種類のうち52種類が、国内外来魚として確認されています。なかには、京都以西にすむオヤニラミのように、本来の生息地では絶滅危惧《きぐ》種として保護対象でありながら、滋賀以東では国内外来魚として在来魚を脅かしている例もあります。

絶滅危惧種のメダカは、遺伝子タイプの異なる北日本と南日本の集団、さらに細かな地域集団に分かれます。これらは見分けがつきにくく、地域差を無視した放流が、深刻な遺伝子汚染を引き起こしています。

琵琶湖から関東へのオイカワの定着、九州産と近畿産のニッポンバラタナゴの交雑も報告されています。

一方、漁業やイベントで盛んに放流される飼育品種のコイは、野性のコイと交雑するほか、水底の泥をまきあげたり、尿や糞などを排出することで水質を変えてしまいます。

国内外来魚を生み出す原因は、漁業やつり目的の放流や、それにともなう混入、観賞魚の遺棄などです。自然保護や教育を目的にした〝善意〟の放流運動も、地域差を無視すれば国内外来魚を拡大し、結果的に自然破壊につながります。

◆生物多様性を守るために

魚類学会は2005年に「放流ガイドライン」を策定。希少種や自然環境の保全をめざした放流も有害な場合があり「安易に実施するべきではない」として、専門家の意見を取り入れた十分な検討を求めています。

滋賀県が条例でオヤニラミの飼育の届け出や野外への放逐を禁じるなど、自治体独自の取り組みが始まっています。一方、外来種の移動を制限する「外来生物法」は、国内外来種は対象外。そうした法規制の見直しが求められています。

地球上には、未知の生物も含め3000万種が生きているといわれ、40億年の進化の過程で分化してきた生物種や遺伝子の多様性の保全が求められています。国際生物多様性年だった2010年10月には、生物多様性条約第10回締約国会議(COP10)が名古屋で開催され、国際的な取り組みについて話し合われました。

魚や昆虫や鳥などの生き物がたくさんいるだけでは、豊かな自然とはいえません。地域ごとの生物や生態系を守ることの大切さを、国内外来魚問題は教えてくれています。

(中村　秀生)

プラスチックが記憶する海洋汚染

　砂浜で目をこらすと、白や褐色の、直径が数ミリメートルの小さな粒が無数に落ちているのに気づきます。レジンペレットといい、プラスチック製品の原料です。工場でこぼれたり、輸送中に落下したものが、川を通じて海へ流れ出し、浜辺に漂着すると考えられています。日本だけでなく、世界中でみられる現象です。

◇有機塩素系化合物を吸着

　東京農工大学の高田秀重教授は、砂浜に打ち上げられたレジンペレットが持つ別の側面に注目し、研究を進めています。10年ほど前、東京湾をはじめ、日本各地の浜辺で拾ったレジンペレットを分析した結果、海を漂っている間に海水に含まれていたＰＣＢ（ポリ塩化ビフェニル）や、ＤＤＴ（ジクロロジフェニルトリクロロエタン）などの有機塩素系化合物を吸着し、濃縮していることがわかったからです。

　ＰＣＢは、熱に対して安定で、電気の絶縁性が高いため、加熱用媒体から電気機器、ノンカーボン紙の溶剤まで、幅広い用途に使われました。しかし、生物の脂肪組織に蓄積しやすく、毒性が高いことや発がん性を持つことが明らかになり、１９７０年代初めから、世界中で原則として使用禁止となりました。殺虫剤として広く使われたＤＤＴも、一部の国を除き、原則として使用禁止です。

　ところが、これらの化合物は分解しにくいため、使われなくなった後も世界中の海や湖沼の水、堆積物などに残留していることが明らかになり、問題となっています。食物連鎖によって濃縮され、生物にさまざまな影響が出かねないからです。これら、残留性有機汚染物質（ＰＯＰｓ）に対応するには、海の汚染の現状と変化を把握する必要がありますが、広大な海の全体を調べるのは簡単ではありません。

レジンペレットを使えば、PCBなどによる世界の海洋汚染の実態を明らかにできるのではないか――。高田さんは、2005年、「インターナショナル・ペレット・ウオッチ」という研究プロジェクトを開始。インターネットや学術雑誌を通じ世界中の人々に、レジンペレットを拾い送ってほしいと呼びかけました。

南米・ラプラタ川河口での採取作業（上）**と採取されたレジンペレット**（左）（高田秀重教授提供）

これまでに、南極を除くすべての大陸にある、さまざまな国と地域からレジンペレットが送られてきました。採集された地点は約100カ所。送ってくれた人が、ほかの地域に住む知り合いに声をかけ、そこからも送られてくる例があるなど、取り組みの輪が広がっています。

送られてきたレジンペレットを分析した結果、予想どおり、PCBやDDTをはじめとした、さまざまな有機化合物による世界の海の汚染状況が明らかになりました。

◆アメリカ、日本、ヨーロッパで高いPCB濃度

PCBは、サンフランシスコの海岸で拾ったものが最も高い濃度を示すなど、アメリカが全体に高く、日本とヨーロッパがそれに次いで高い値を示しました。それ以外の地域は、インドの1地点

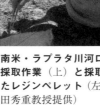

を除き、それほど高濃度のところはありませんでした。

高田さんは、これまでの使用量を反映した結果と考えています。ＰＣＢはアメリカが世界の約半分を使うなど、欧米や日本で多く使われました。東南アジアなどでは経済の発展が、すでに原則使用禁止となっていた１９８０年代以後だったため、それほど使われなかったからです。

ＤＤＴは、ＰＣＢと異なり、ベトナムなど東南アジアで濃度が高い地点が目立ちました。ＤＤＴは、過去に使われたものは分解し、ＤＤＤやＤＤＥなどに変化していますが、東南アジアではＤＤＴの比率が高く、最近使われたことを示していました。世界保健機関（ＷＨＯ）によると、東南アジアでは、マラリアの病原体（マラリア原虫）を駆除するため、今でもＤＤＴが限定的に使われているといいます。

ＰＯＰｓによる海洋汚染を調べるのに、岸壁などに付着している二枚貝のムラサキイガイなどを使う「マッセル・ウォッチ」という方法があります。ムラサキイガイは餌や酸素を、海水を通して取り入れるので、その過程で海水中の汚染物質を濃縮します。高田さんは、レジンペレットが拾われた海岸の近くで行われたマッセル・ウォッチの結果と比較しました。その結果、両者には相関関係が成り立っていることをつきとめました。

高田さんは、「浜辺で拾ったレジンペレットで、ＰＯＰｓによって海がいかに汚染されているか、そして生物がそれをどれぐらい濃縮しているかが調べられることを示している。レジンペレットは、水や底泥、生物と違い、だれでも気軽に拾って、簡単に送ってもらうことができるので、世界中の海洋汚染の現状と移り変わりを調べるにはうってつけの材料といえる」と話しています。

（間宮　利夫）

6回目の大量絶滅を迎えている地球

「現在、地球はかつてない大量絶滅の時期を迎えている」。衝撃的な内容の研究結果が、2015年、相次いで発表されました。「人類もその例外ではない」といいます。

生物が地球上に誕生したのは、約40億年前と考えられています。目に見えるほどの大きさの生物が出現するようになった約5億4000万年あまり前の、地質年代で古生代カンブリア紀と呼ばれる時代が始まってからだけでも、さまざまな生物が同時に姿を消す大量絶滅が5回起こったことがわかっています。

◆KT境界の絶滅など5回

最もよく知られているのは、約6600万年前の大量絶滅でしょう。中生代（約2億5100万年前〜約6600万年前）を通じて栄えた恐竜をはじめ、翼竜や首長竜、魚竜といった爬虫類がほぼいっせいにいなくなりました。中生代白亜紀と新生代（約6600万年前〜現在）古第三紀の境界に当たることから、それぞれの頭文字をとってKT境界の絶滅と呼ばれています。

5回のうち最も早かったのは、約4億4400万年前の大量絶滅で、三葉虫やサンゴなど、当時生息していた生物種の85%が絶滅したと考えられています。古生代オルドビス紀とシルル紀の境界に当たります。次いで起こったのが約3億7400万年前です。体の表面が骨のようなもので覆われた甲冑魚《かっちゅうぎょ》と呼ばれる原始的な魚類など全生物種の82%が絶滅したと考えられています。古生代デボン紀後期のフラスニアン期とファメニアン期の境界に当たります。

そして、史上最大の大量絶滅と言われるできごとが、古生代ペルム紀と中生代三畳紀の境界に当

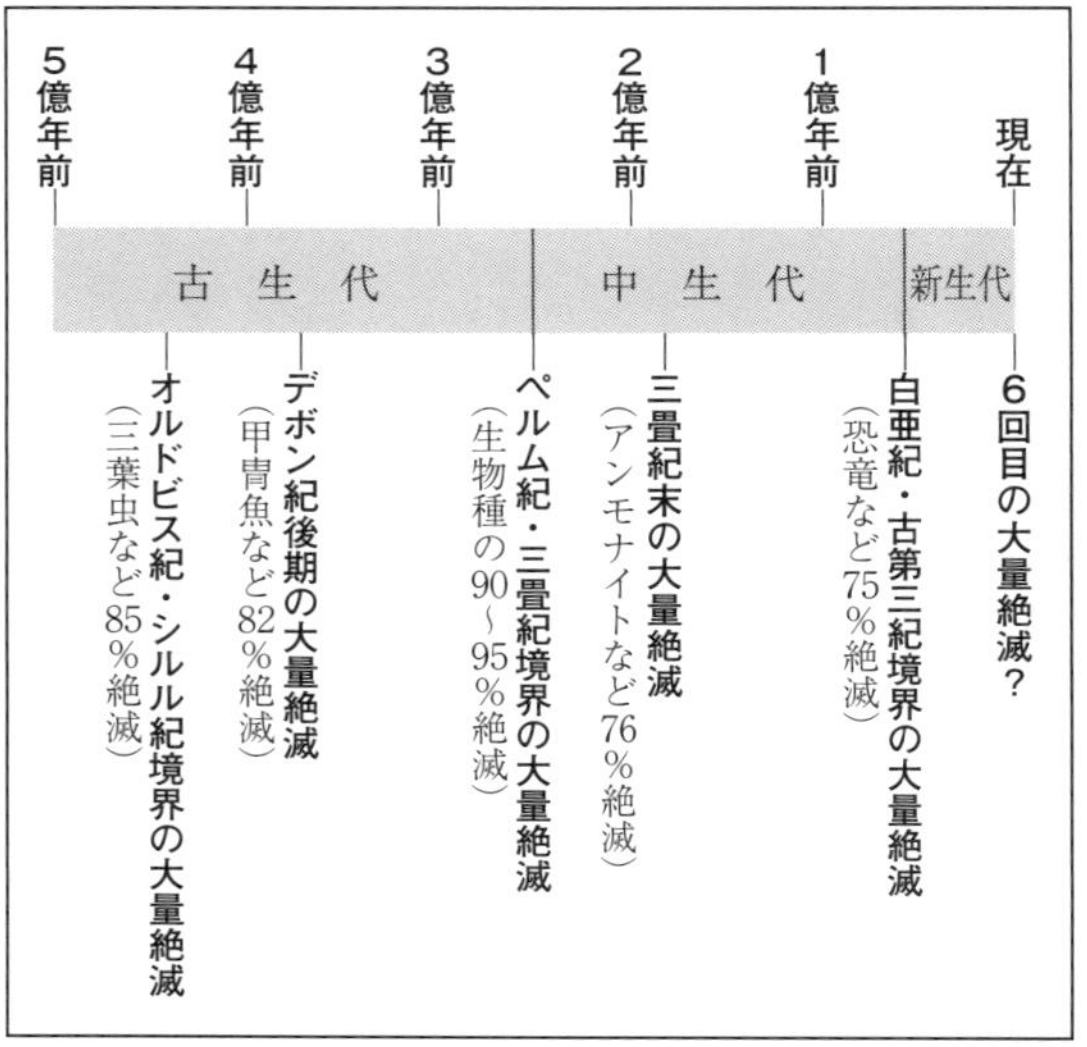

たる約2億５１００万年前に起こりました。ペルム紀には巨大なシダやイチョウ、ソテツなどの植物や、両生類、爬虫類が栄えていましたが、当時生息していた生物種の90～95％が絶滅したと考えられています。このときの大量絶滅もペルム紀と三畳紀の頭文字をとってＰＴ境界の大量絶滅と呼ばれています。

もう一つが、三畳紀末の約1億９９６０万年前に起こった大量絶滅です。アンモナイトの多くを含む生物種の76％が絶滅したと考えられています。大型の爬虫類が絶滅したことで、当時まだ比較的小型のものしかいなかった恐竜が栄えるきっかけになったともいわれています。

大量絶滅が過去のできごとではないことが、アメリカ・スタンフォード大学などの生物学者の研究グループがアメリカ科学誌『サイエンス・アドバンシズ』（２０１５年6月19日付）に発表した論文で明らかになりました。それによると、現在の生物種の絶滅速度は控えめにみても通常の１００倍の速さであり、6回目の大量絶滅が進行していることが明らかになったとしています。6回目の大量絶滅が進行しているという研究はこれまでもあり、それらの研究では、数万～数十万年かけて進行した過去5回の大量絶滅と異なり、より急速に進行していると指摘しています。

これまでの大量絶滅の原因は、恐竜が絶滅したKT境界の大量絶滅が直径10キロ程度の小惑星が現在のメキシコ・ユカタン半島付近に衝突したため、とする説が非常に有力視されているほかははっきりしていませんが、天体衝突や現在では考えられないほど大規模な火山噴火といった自然現象であることは間違いありません。しかし、現在進行している大量絶滅の原因は人間活動であることを多くの研究者が指摘しています。

◇人間活動によって急速に進行

人間活動によって急速に進行する大量絶滅は人類にどのような影響をもたらすのでしょうか。イギリス・リーズ大学などの研究グループが興味深い研究結果を科学誌『ネイチャー・コミュニケーションズ』（2015年8月11日付）に発表しました。研究グループは三畳紀末の大量絶滅で姿を消した脊椎動物の化石を詳しく調べました。

その結果、地球上の広い範囲に分布していた生物でさえ絶滅していたことがわかったといいます。このような生物は地球環境が激変しても、どこかで生き延び、全体が絶滅に追い込まれることはないと考えられてきました。しかし、大量絶滅が始まった当初はそうした効果がみられたものの、最終的には絶滅してしまったというのです。

研究グループを率いたリーズ大学のアレクサンダー・ダンヒル教授は、現在、開発による生息地の消失や環境破壊、人為的な気候変動など人間活動による生物多様性の危機が進行していることを指摘したうえで、「人間活動が原因で引き起こされる6回目の大量絶滅は絶滅が心配されている種だけでなく（人類を含む）すべての生物に影響するだろう」と警告しています。

（間宮　利夫）

マヤ、アンデス、琉球……
環境変動で解く文明史

巨大な神殿ピラミッド群を築いたマヤ文明、ナスカの地上絵で有名なアンデス文明など高度な発展を遂げながらも、外から来た〝勝者〟によって植民地化され、歴史の表舞台から消された環太平洋地域の非西洋型諸文明。その盛衰と環境変動の因果関係を明らかにしたい――。文系と理系の多彩な分野の研究者が協力して壮大なテーマに挑戦しています。

「環太平洋の環境文明史」プロジェクト（代表＝青山和夫・茨城大学教授）は、湖沼の堆積物から復元した精度の高い環境史を軸に、環太平洋の広大な地域に展開した社会の実態の時間的な変化に着目して進められてきました。みえてきたのは、マヤ、アンデス、先史時代の琉球列島といった社会が、自然環境の変動のインパクトによって単純に「勃興」したり「崩壊」するのではなく、数千年にわたって持続可能な社会を築いたということでした。

◇文明観を塗り替えた調査

マヤ文明は、現在のメキシコ南東部からグアテマラ、ベリーズ、ホンジュラス西部にかけて栄えました。その象徴が〝マヤ地域の摩天楼〟と青山さんが呼ぶ、ジャングルにそびえる神殿ピラミッド群。鉄器を使わずに石器だけで洗練された都市文明をつくったマヤは、独特のマヤ文字や暦、天文学を発達させました。

「神秘で謎の文明」というイメージで語られることの多かったマヤ文明。近年の調査研究で、よりダイナミックで複雑な発達を遂げたという新たな描像が浮かび上がりました。

青山さんや猪俣健《たけし》・アメリカ・アリゾナ大学教授らの国際研究チームは、中米グアテマラのセイバル遺跡の発掘調査で、神殿ピラミッドの原型を発見したと、2013年、科学誌『サイエンス』に発表しました。放射性炭素14による精密年代測定の結果、それまでのマヤ文明最古の公共祭祀建築よりもさらに約200年古い、紀元前1000年ごろに建造されたものと判明。セイバルの

マヤ文明の古典期最大級の都市「ティカル」の遺跡にそびえる高さ47メートルの「神殿1」
（青山和夫さん提供）

人々が、早い時期から祭祀建築や公共広場を増改築し続けていたことが明らかになりました。

この発見は、〝母なる文明〟と呼ばれてきた近隣のオルメカ文明の一方的な影響を受けて、マヤ文明が興ったとする従来説を覆す成果でした。「マヤの人々は、地域間ネットワークに参加し、遠隔地からヒスイや黒曜石を搬入するだけでなく、美術・建築様式などの知識を交換して、文明を築き上げた」といいます。

また、マヤ文明が干ばつで9世紀ごろに衰退したという学説がありました。しかし環境文明史の研究で、セイバル王朝が干ばつの危機を克服したこと、人口過剰や環境破壊や戦争など複数の要因で衰退したことが明らかになりました。そしてマヤ文明には多様な王国が存在していたことが強みとなり、全体としては、16世紀のスペイン人の侵略によって破壊されるまで繁栄していました。こうした新たな知見によって2013年、高校の世界史教科書でのマヤ文明の繁栄の時期は「4世紀

ごろ～9世紀」ではなく「紀元前1000年ごろ～16世紀」に書き換えられました。

一方、現在の南米ペルーを中心とする地域で栄えたアンデス文明。坂井正人・山形大学教授らは、動物や人間などを描いた100点以上の「ナスカの地上絵」を新たに確認しました。水源となるアンデス山地の湖沼堆積物から古環境を復元して調べると、人々が移住や水路技術で乾燥化を乗り切り、インカ帝国がスペイン人に征服されるまでの間、地上絵を繰り返し製作していたのです。

琉球列島では、環境調和型の狩猟採集民が数千年にわたって居住していたことが分かりました。狩猟採集から農耕への変遷が11～12世紀にあり、この時期に大きな環境変動があった可能性を示しました。高宮広土《ひろと》・札幌大学教授は「世界中の島では、人が入ると環境が破壊され、多くの生物が絶滅した。しかし、琉球列島では絶滅がみられない。奇跡の島々だ」と説明します。

◇〝土の年輪〟で環境史復元

環境変動の復元は、湖沼の堆積物がつくる年《ねん》縞《こう》、つまり〝土の年輪〟の分析と、放射性炭素14による精密年代測定で大きく前進しました。米延《よねのぶ》仁志・鳴門教育大学准教授らは、福井県水月《すいげつ》湖のデータから、年代測定の世界標準となるモノサシをつくることにも成功しました。

青山さんは言います。「環境文明史の研究は、人間の一生で観察できない数百年～数万年の変化を追える。マヤ文明は衰退期、神々から助けを請うために巨大な神殿ピラミッドをつくった。黄昏時の象徴かもしれない。日本のバブル期の建設ラッシュは、未来からどうみえるのか。新たな選択肢をみいだして社会の回復力を高めることが、現代社会にとっての重要な教訓ではないだろうか」。

（中村　秀生）

太陽のめぐみ フル活用へ挑戦

２０１４年1月、ドイツの２０１３年の再生可能エネルギーによる発電の割合が総発電量の23％余りと過去最高を記録したというニュースが飛び込んできました。風力発電が７・９％、バイオマス発電が６・８％、太陽光発電が４・５％などとなっています。ドイツでは２０２２年までに原発ゼロを目指して再生可能エネルギーの導入を積極的に進めており、２０５０年までに再生可能エネルギーの割合を総発電量の80％に増やす計画です。

日本でも再生可能エネルギーの割合を増やす目標をかかげ、徐々に増えているものの、２０１２年度の総発電量に占める割合は１・６％にすぎません。

◇大容量蓄電が可能なフロー電池

日本で再生可能エネルギーの普及が進まない理由として、よくあげられるのが不安定性です。風は常に同じように吹いてはおらず、太陽光も夜はもちろん、曇りや雨の日もあるので、一定の出力で発電できないというものです。この問題を解消する方法として蓄電池の利用があります。風が吹いているときや、太陽光が降り注いでいるときに発電した電気を電池に蓄えておけば、必要なときに必要な量を取り出すことができるというわけです。実際にフロー電池と呼ばれる蓄電池が、再生可能エネルギーで発電した電気を蓄えておくために使われています。

フロー電池は、電子を吸収したり放出したりする化学物質が溶けた液体をタンクに入れてポンプで循環（フロー）させることで充電したり放電する装置で、大容量の電気を蓄えることができます。化学物質の還元（reduction＝リダクション）

と酸化（oxidization＝オキシダイゼーション）を利用していることからレドックスフロー電池とも呼ばれています。１９７４年にアメリカ航空宇宙局（ＮＡＳＡ）が基本原理を発表し、その後、バナジウムという金属の化合物を使ったフロー電池が実用化されています。しかし、バナジウムは資源量が限られており高価です。このため、より安価な材料を使ったフロー電池の開発が進められています。

そんな中、アメリカ・ハーバード大学の研究チームが科学誌『ネイチャー』（２０１４年1月9日号）に発表した、バナジウムに代わる新たな化学物質を使ったフロー電池の開発が注目されています。この化学物質は、キノンと呼ばれる有機化合物の1種で、化学合成によってもつくられますが、自然界にも豊富で安価な材料です。キノンにはたくさんの種類があり、研究チームは1万種類以上のキノンについて性質を調べた結果、「9、10－ヒドロアントラキノン－2、7ジスルホン酸（ＡＱＤＳ）」が最適であることを見いだしました。ＡＱＤＳは、ヨーロッパでよく食べられている野菜のルバーブ（ショクヨウダイオウ）の葉にも含まれているといいます。

研究チームによれば、ＡＱＤＳを使ったフロー電池はバナジウムの化合物を使ったフロー電池と同じ性能を発揮。価格はバナジウムを使ったフロー電池が1キロワット時の蓄電容量当たり７００ドルになるのに対し、ＡＱＤＳを使ったフロー電池は同27ドルにすぎないといいます。研究チームは今後、実用化を目指して大型トレーラーの荷台にＡＱＤＳのフロー電池を載せて試験を行う計画です。

◆太陽光発電の効率を上げる

太陽光発電の効率を上げる取り組みもあります。アメリカ・マサチューセッツ工科大学の研究チームは、太陽電池の表面にある工夫をしていることを科学誌『ネイチャー・ナノテクノロジー』電子版（２０１４年1月19日付）に発表しました。

太陽光発電は、太陽電池が太陽の光のエネルギーを吸収し、電気のエネルギーに変えます。従来の太陽電池は、エネルギーの小さな光（赤外線）は電気に変えることができません。研究チームは、太陽電池の表面に赤外線を吸収することで高温になる装置を取り付けました。一定の温度に達すると、太陽電池が電気に変えられるレベルのエネルギーの光を出すので発電に利用できるようになるというしくみです。

植物体が原料のバイオ燃料をよりつくりやすくする方法の開発も進んでいます。バイオ燃料をつくるには、植物体を構成するセルロースから糖を取り出す必要がありますが、現状では効率よく取り出すことは困難です。アメリカ・ウィスコンシン大学の研究チームは、植物体を原料につくった物質を使って、セルロースから糖を効率よく取り出す方法を開発し、アメリカ科学誌『サイエンス』（2014年1月17日号）に発表しました。トウモロコシの茎や葉、木などから糖を効率よく取り出すことができたといいます。

太陽光はもちろんですが、風や植物も太陽のめぐみといえます。フル活用に向けた挑戦で、再生可能エネルギーの大規模な普及へ大きく進むことが期待されます。

（間宮　利夫）

温暖化で巨大高潮の発生頻度10倍化

東日本大震災は津波の恐ろしさをまざまざと示しましたが、熱帯低気圧による海面上昇と強風で起こる高潮災害も見過ごすことができません。2005年にアメリカ南部のメキシコ湾岸を襲った巨大ハリケーン・カトリーナは、ルイジアナ州のニューオーリンズで、高潮が堤防を乗り越えたり、複数個所が決壊して市内の広い範囲が水没し、多数の死者や行方不明者が出る被害をもたらしました。

2013年、科学誌『米科学アカデミー紀要』電子版に、カトリーナのような巨大ハリケーンによる高潮の発生頻度が今世紀末には20世紀の10倍になるとする研究結果が発表され、注目されています。

最大風速が秒速76メートルにも

ハリケーンは、大西洋と、経度が180度より東側の北太平洋に存在する熱帯低気圧のうち、中心付近の最大風速が毎秒約33メートル以上になったものをいいます。北アメリカや中央アメリカ、カリブ海の国々で大きな被害が発生します。ちなみに、台風は経度が180度より西側の北太平洋や南シナ海に存在する熱帯低気圧のうち、中心付近の最大風速が毎秒約17メートル以上のものをいいます。台風の方がハリケーンより弱そうに見えますが、最近50年間の例で見ると強い順に1～7番目までを台風が占めており、1番（1976年の20号）と2番（1998年の10号）は日本に上陸しています。

ハリケーン・カトリーナは最も発達した時点での最大風速が秒速76メートルに達しました。ハリケーンの強さを表す等級で最高の「カテゴリー5（秒速70メートル以上）」に分類される、21世紀に

世界の気温の変化と予測

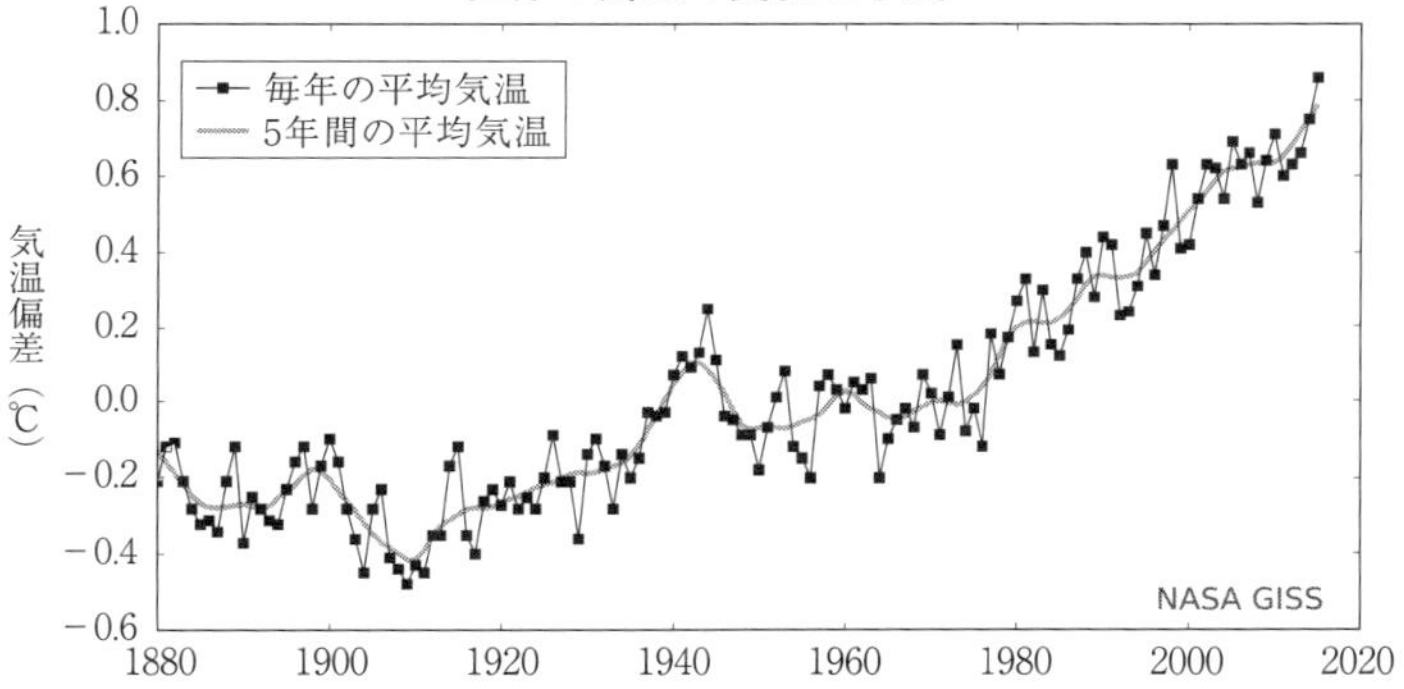

1951年～1980年の平均を0°とする気温変化（NASA提供）

入ってからは最強のハリケーンでした。ルイジアナ州上陸時には、「カテゴリー3（同50～58メートル）」まで勢力は低下していたものの、それでもアメリカ全体で死者数1836人、行方不明者705人を数える被害となりました。

研究結果を発表したのは、デンマーク・コペンハーゲン大学ニールス・ボーア研究所などの国際研究グループです。過去の記録を洗い出すとともに、さまざまな温暖化予測モデルを使って、カトリーナによってもたらされたような規模の高潮が今後どのように増えていくかシミュレーションしました。その結果、20世紀には20年に1度程度だったものが、地球の平均気温が0・4度上昇するとカトリーナ規模の高潮が倍加し、今世紀末の温度上昇が2度だとすると頻度は一気に10倍化することがわかったというのです。

ニューオーリンズで被害が大きくなったのは、海岸線近くまで都市域が広がっていたこと、陸棚が発達していて高潮が発生しやすい海底地形だったことなど、地理的条件も重なってのことだったといいますが、今後、カトリーナ規模の高潮が頻発するとしたら、ほかの地域でも大きな被害が出ることが予想されます。カトリーナによるニューオーリンズの高潮災害を解析した山下隆男京都大学防災研究所助教授（現広島大学教授）は「カトリーナの高潮災害は、今世紀最初のカテゴリー5の来襲による災害としてとらえるより、スーパーハリケーン頻発への警鐘としてみるべきであろう」（『土木学会誌』２００５年11月号）と指摘しています。

◆勢力が強まる傾向に

日本でも高潮災害はたびたび発生しています。１９５９年の「伊勢湾台風」は、死者・行方不明者合わせて５０００人を超す記録的被害をもたらしました。その多くは名古屋市南部を中心に発生した高潮災害によるものでした。１９９９年には、九州地方を襲った台風18号によって熊本県不知火町《しらぬい》（現宇城市）を中心に高潮災害が発生し、12人が亡くなる被害が出ています。

温暖化によって、ハリケーンや台風の勢力が強まる傾向があることは、日本の研究グループの研究でも示されています。海洋研究開発機構などの研究グループはスーパーコンピューター「地球シミュレータ」を使って計算した結果、温暖化によって地球全体の熱帯低気圧の発生数は減少するものの、巨大なハリケーンや台風の割合が増すという論文を２０１０年に発表しています。

日本では、海岸近くに大都市や集落が存在し、低地にある住宅地などが堤防で守られているところが多くあります。１９９９年に高潮災害が発生した不知火町は、それまで高潮も、高波も大きな被害を受けたことがなかったといいます。温暖化に伴ってスーパー台風が頻繁に襲ってくるようなことになれば、従来、台風で高潮災害が発生しなかったところでも発生する可能性が出てくると考えられます。自然エネルギーの可能性をくみつくし、地球温暖化を食い止めるとともに、高潮災害に備えることが求められています。

（間宮　利夫）

過去5万年の標準時となる水月湖のタイムカプセル

福井県・若狭湾国定公園の三方五湖《みかたごこ》は、湖ごとの塩分環境の違いなどから多様な生き物がすむユニークな湖水環境として知られ、ラムサール条約登録湿地に指定されています。

その中央に位置する水月湖《すいげつこ》は、周囲約10キロメートルで最大水深34メートル。海水と淡水が混じる汽水湖で、湖水の下層は無酸素状態のため、魚は上層だけに生息しています。そして、その湖底には、数万年にもわたる地球環境の変動を記録した〝タイムカプセル〟とも言うべき、世界的にも希少な堆積物が眠っています。

水月湖は、非常に安定した環境にあり、湖底の土がかき乱されることはほとんどありません。そのため春や秋にはプランクトンの死がい、梅雨期には土砂、秋から冬にかけては鉄分を含む鉱物、冬には中国大陸から飛んでくる黄砂……というように季節ごとに違うものが降り積もり、湖底を掘り起こすと細かい縞模様が現れます。縞模様は、木の年輪のように1年ごとに繰り返すことから「年縞《ねんこう》」と呼ばれています。

年縞を数えることで、堆積物がいつのものか正確な時期を知ることができます。年縞を利用して、過去5万年程度までの試料の年代を調べる有力な手法「放射性炭素年代測定法」の正確な目盛りをつくろうという壮大な計画が、水月湖を舞台に進められました。

◇時計がスタートした時期は

放射性炭素年代測定法は、大気中の炭素の放射性同位体（C14）の量がほぼ一定であることをもとに、有機物の試料の年代を推定する手法です。自然界に存在する炭素（原子番号6）のほとんどは中性子数が6個のC12ですが、1兆分の1程度

水月湖での掘削作業の様子（中川毅さん提供）

の割合で中性子数８個のＣ14が存在しています。植物は光合成の際、大気中の二酸化炭素を体内に取り込むのでＣ14の割合は大気とほぼ同じですが、植物が死ぬと新たなＣ14は取り込まれなくなり、放射性崩壊によって減少していきます。半減期５７３０年のＣ14は、１万１４６０年後には４分の１に、１万７１９０年後には８分の１に減ります。

　有機物の試料を調べて、Ｃ14がどれだけ残っているかを測定することで、生きていた時期を計算できます。植物は、自分が死んだときにスタートする砂時計をもっているというわけです。植物を食べる動物の年代も推定可能です。ただし５万年ほど経つと、測定は難しくなります。

　放射性炭素年代測定は、植物片や動物の骨、土壌、貝殻、サンゴなどの年代を調べる有用な手法として、考古学や人類学、古気候変動など広い分野に貢献してきました。

　大気中のＣ14の割合が、時代によらず完璧に「一定」であれば、Ｃ14の測定だけで試料の年代をぴたりと特定できます。しかし厳密には、地球に降り注ぐ宇宙線の強度変化によるＣ14の生成率の変化など、時代によってわずかに変動しています。そのため、正確な年代を導くためには、時計がスタートした時点のC14の正確な量を知って年代を較正《こうせい》する必要があるのです。

年代較正は、正確に年代がわかっている試料を使ってC14を測定して、実際の年代とのずれを決定します。そのために使われるのが、樹木の年輪の分析です。ただ、樹木年輪による較正が可能なのは1万2600年ほど前まで。それより古い時代の試料の年代較正は、サンゴや海洋堆積物、鍾乳石などのデータをもとに仮定したもので、直接証拠にもとづく補正ではありませんでした。

◆気候変動の原因解明にも

イギリス・ニューカッスル大学の中川毅《たけし》教授らの研究チームは、2006年に水月湖の底から柱状堆積物試料4本を採取。全長73メートルの試料の上部約40メートルに年縞が刻まれており、顕微鏡による観察と蛍光X線スキャナーを駆使して、年縞を1本ずつ根気強く数えました。さらに年縞に含まれる葉っぱの化石808点のC14年代を測定。その結果、5万2800年前までさかのぼる正確な年代目盛りを得たと、2012年10月、科学誌『サイエンス』に発表しました。全体で5万年超の年縞にたいして誤差は±169年。1日に換算すれば誤差5分弱というところまで、放射性炭素年代測定法の精度を高めることに成功したのです。今回得られた画期的な年代較正データを〝標準時〟に組み込むことが2013年、正式に決定しました。

水月湖から掘り出されたタイムカプセルによって、放射性炭素年代測定法の信頼性は格段に向上します。中川さんは「例えば、日本とグリーンランドのどちらが氷河期の終わる時期が早かったのか、といった議論ができるようになる。時間的な前後関係がわかることは、気候変動の原因を議論するのに重要だ」と言います。過去数万年にわたる気候変動や植生の変動を年単位で復元するという夢の実現へ、研究者たちは歩みを進めます。

（中村　秀生）

冬将軍は北欧生まれ

日本に豪雪などをもたらす寒波には北欧生まれのものがある――。海洋研究開発機構の堀正岳《まさたけ》研究員たちが、寒波襲来以前の北半球の大気観測結果を精査してつきとめました。日本に到来するのは生まれて1週間以上後です。寒波を予測し、対策をたてるのに役立つといいます。

◇第一級の寒波で被害続出

2010年末から翌年初めにかけ、日本列島は大雪に見舞われました。福島県や鳥取県の国道で多数の車が動けなくなり長時間立ち往生したほか、鳥取県の大山ではスキー場で雪崩が発生し4人が死亡。雪の重みで漁船が沈没したり、ビニールハウスが倒壊するなどの被害が続出しました。

近年まれに見る第一級の寒波によるものでした。

寒波は、通常より非常に冷たい空気が押し寄せる現象です。冬の間、何回も繰り返し波のようにやってくることから寒波と呼ばれます。

寒波は、北極周辺の気圧が平年より高く、日本を含む中緯度の気圧が平年より低い「北極振動の負の状態」が原因とされてきました。空気は気圧の高いところから低いところへ向かうため、北極周辺の非常に冷たい空気が中緯度へ流れ込むと考えられるからです。

しかし、北極振動の負の状態が1カ月以上続いても、その間寒波が続くわけではありません。北極振動が負の状態でなくとも寒波がやってくることもあります。

寒波の襲来には北極振動以外にほかのメカニズムがかかわっている――。そう考えた堀さんたちは、寒波襲来前にさかのぼって、北半球全体の上層大気の気圧と、下層大気の気温を、観測記録に基づいて調べました。注目したのは、2009年

12月18日に日本を襲った寒波です。暖冬傾向だったその冬一番の寒波でした。

調査の結果、10日前、北欧のノルウェーやロシアの北部沿岸に広がるバレンツ海とカラ海の上に高気圧が発生、その南東側の西シベリア上空に寒気が蓄積していることがわかりました。北極周辺の非常に冷たい空気が、高気圧の東側を通って流出した結果と考えられます。

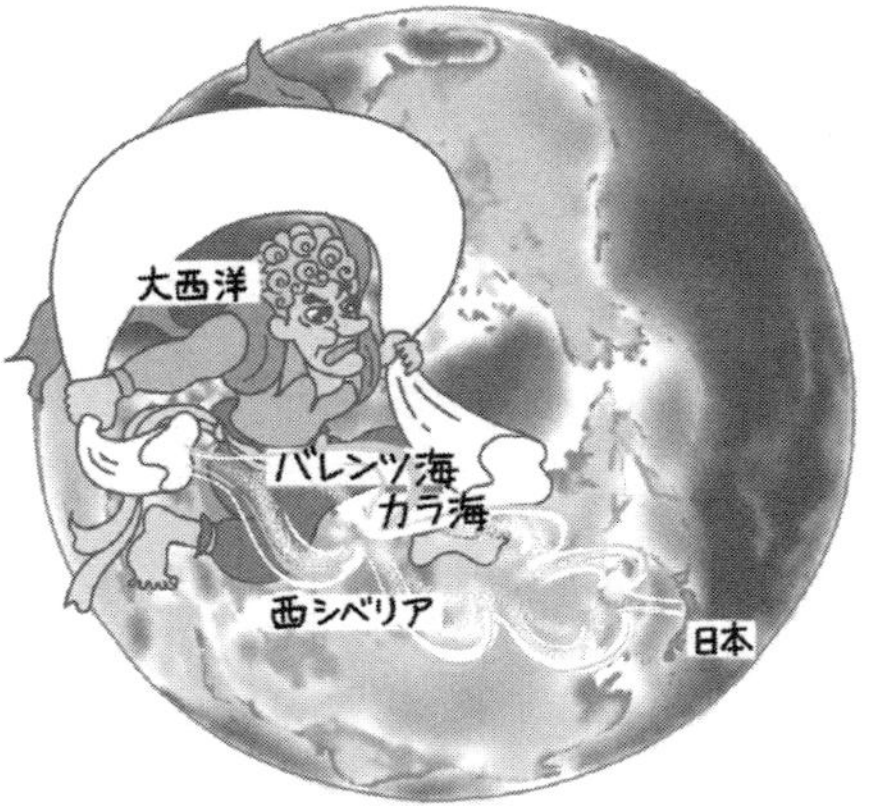

（イラスト・井上ひいろ）

５日前になると高気圧は西の大西洋上に移動し、「ブロッキング」と呼ばれる持続性の強い高気圧となりました。一方、西シベリア上空に蓄積した寒気は少しずつ東側へ移動し始め、その後、ブロッキング高気圧の東側で蛇行を始めたジェット気流（強い偏西風）に運ばれ日本に到達していました。寒波は2段階のプロセスを経て日本へやってきていたのです。

２００９年10月1日から２０１０年3月31日までの間に、日本に押し寄せた寒波は全部で10回ありました。少なくとも5回は12月18日の寒波と同じプロセスで説明できることを確認したといいます。

２０１０年末から翌年初めにかけて日本に豪雪を降らせた寒波の源も、バレンツ海から生じていました。２０１０年のクリスマスに前後してイギリス・ロンドンのヒースロー空港が閉鎖されるなど、日本に先駆けてヨーロッパが豪雪に見舞われました。寒気の蓄積がヨーロッパ上空でも起こったためでした。堀さんは、「寒波がいつ、どのようにして生まれるか、説明できるようになった。複雑なモデルを使うのでなく、観測結果の解析で得られたことが重要だ」と話します。

◆「三寒四温」のしくみも

この研究で、「三寒四温」と呼ばれる現象のしくみも明らかになりました。三寒四温は、冬季の気温が周期的に変化することです。堀さんたちの解析で、寒気の後ろには暖気が迫っていたことがわかりました。

西シベリアの上空に蓄積した寒気が東へ移動を始めた後、そこに南から暖かい空気が入ってきて蓄積し、寒気に続いて東へ移動してきます。暖気の後ろには寒気が続き、その後ろには暖気が続いていて、次々日本へやってくるため、冬季の気温は周期的に変化するのだといいます。

しかし、バレンツ海とカラ海の上に高気圧が発生し、強化される原因と過程はわかっていません。この海域での、海から大気への熱の供給がなんらかの影響をおよぼしていると考えられるとして、海洋研究開発機構ではノルウェーの研究機関と共同でバレンツ海での観測を進めています。

（間宮　利夫）

次世代の観測装置で未来の天気予報を

突然、雲が湧き立つように現れ、狭い地域に短時間、雨や雹《ひょう》が激しく降る――。突発的・局地的な大雨が各地で頻発しています。2014年6月には、東京都内の住宅地に大量の雹が降り積もり、初夏をすぎた時期の不思議な光景に驚かされました。

気象庁によると、2013年に地域気象観測システム（アメダス）で観測された「猛烈な雨」（1時間80ミリ以上）の発生回数は1000地点あたり換算で25回、「非常に激しい雨」（同50～80ミリ）を含めると237回。長期的に増加傾向にあります。

大雨といっても、予測が可能な台風なら事前の備えが可能ですが、注意報や警報も出ない状況で〝不意打ち〟的に発生する大雨もあり、その対処は、やっかいな課題です。局地的な大雨をもたらす積乱雲は、水平方向が数キロ～十数キロメートルの大きさで、高さ十数キロメートルまで発達します。積乱雲が発生してから、雨を降らせ、消滅するまでの寿命はわずか数十分。従来の観測システムでは、予報が追いつかないのが現状です。

◇不意打ち大雨を30分前予測

次世代の観測装置とスーパーコンピューターを駆使し、神出鬼没の大雨を発生の30分前に予測したい――。将来を見すえた、野心的な研究プロジェクトが進んでいます。

積乱雲が発生しやすいのは、上空に冷たく重い空気があり、地表面近くには暖かく軽い空気がある「大気の状態が不安定」な状況です。地上で暖められた空気が上昇して上空で冷やされると、水蒸気が水滴や氷の粒となって雲をつくります。不安定な状態では、暖かい空気が激しく上昇し、雲は大きく発達。雲の中では氷の粒同士が衝突して大きくなり、雹となったり、解けて雨として地上に降ります。竜巻や突風、雷など激しい現象を伴うこともあります。

激しい降雨とともに発生した雷

積乱雲の発生・発達をより早く細かく監視・予測するためのカギとなる技術は、①２０１５年の夏から運用を開始した新しい気象衛星「ひまわり」、②２０１２年に情報通信研究機構と大阪大学が試験観測を開始した新世代の気象レーダー（フェーズドアレイレーダー）、③理化学研究所のスパコン「京」です。

まず、宇宙から気象状況を常時監視するのが、ひまわり。雲や水蒸気分布などの情報を高精度でとらえ、積乱雲を生まれたばかりの〝卵〟の段階でいち早く検出します。最速で30秒ごとに気象データを地上に送ることができます。

フェーズドアレイ気象レーダーは、雲の発生から10分後にできはじめる雨粒をとらえます。３次元観測が、10〜30秒ごとにでき、素早く詳細に積乱雲の発達を追跡します。

一方、30秒ごとに得られる観測データを生かすには、30秒ごとに、天気予報の計算をする必要があります。膨大な観測データをもとに高度な数値予報を出すには、スパコンの計算能力が不可欠です。2キロメートルごとに1時間刻みの変化を計算している従来方法をさらに発展させて、100メートルごと30秒刻みという詳細な数値予測をめざします。

さらに、天気予報システムの完成度を高めるために、数値予測の結果を実際の観測データとつき合わせる「データ同化」を行います。初期データの誤差や計算式の限界からくる数値予測のずれを修正し、最も現実に起こりそうな予測につなげます。

プロジェクトを率いる三好建正・理研チームリーダーは「30分前に予測できれば、尊い命が失われないですむ。10年先に実現できる〝未来の天気予報〟を切り開きたい」と意気込んでいます。

◆地球全体の降水状況を把握

地球規模でみても、現在、大雨や干ばつなどが頻発し、異常気象や気候変動がクローズアップされています。降雨を正確に把握して予測や対策につなげるため、地球に降る雨を人工衛星群で宇宙から観る国際ミッション「全球降水観測（GPM）計画」も進んでいます。

2014年2月、GPM計画の中核となる衛星を、宇宙航空研究開発機構（JAXA）が打ち上げました。「雨雲スキャンレーダー」という装置を搭載し、雨滴や雪、氷粒子の大きさや雨雲の中での分布など、降雨の状況を高精度で観測できる、まさに〝空飛ぶ雨量計〟です。10機以上の副衛星群と協調して、3時間ごとに地球のほぼ全体で高精度の降水状況を把握できます。

雨量計や気象レーダーといった地上の降水観測網は、先進国では充実しているものの、全陸域の30％もカバーしていません。海洋はもちろん、険しい自然の地域や紛争地域では衛星データが唯一の情報となります。新たな技術で雨をよみ、多くの命と生活を守ることに生かせるか。挑戦は続きます。

（中村　秀生）

宇宙の謎に挑む

地球に帰ってきた傷だらけの探査機はやぶさ

２０１０年6月13日深夜、天の川の星々が瞬くオーストラリアの夜空に、月のように明るい〝流れ星〟が現れました。7年ぶりに地球に帰ってきた小惑星探査機「はやぶさ」です。はやぶさ本体は落下しながら燃え尽きました。着陸カプセルは上空でパラシュートを開き、電波信号を出しながら軟着陸。地上で待機していた宇宙航空研究開発機構（ＪＡＸＡ）のチームによって回収されました。

◆〝想定外〟の困難の連続

小惑星のかけらを、地球に持ち帰る――。前人未到の目標を掲げて、はやぶさは２００３年に地球を出発。２００５年に地球から3億キロメートルかなたの小惑星イトカワに到着し、近傍から詳細な科学観測を実施しました。

イトカワはジャガイモ形で、５００メートルほどの大きさ。小天体同士の衝突の破片が集まってできたらしいことなど、小惑星の意外な素顔を明らかにして人類を驚かせました。

その後の探査は〝想定外〟の困難の連続でした。

「平らな場所が少なくて岩だらけ。着陸は、想定より難しそうだ」。はやぶさが撮影した写真を目にして、探査チームは驚きました。さらに追い打ちをかけるように姿勢制御装置が相次いで故障しました。

はやぶさは元々、自分の判断で着陸するように設計されていました。通信に片道16分もかかる地球からは〝操縦〟できないからです。しかし、姿勢制御装置の故障による動きの乱れを補正するために地球から指令を送る航法を急きょ導入したり、複雑な地形に対応して障害物検出器の設定を変えるなどの工夫をし、小惑星への離着陸に史上初めて成功。岩石試料の採取に挑みました。

ところがその直後、最大のピンチが訪れました。燃料漏れで姿勢が乱れて通信アンテナの向きが地球から外れ、通信が途絶えたのです。２００７年の地球帰還は不可能になりました。しかし、探査チームはあきらめませんでした。迷子になったはやぶさに信号を送り続け、７週間後、奇跡的に通信が回復しました。

大気圏に突入して“流れ星”のように発光する、はやぶさの本体と着陸カプセル（JAXA 提供）

一方、着陸時、試料採取装置が正常に働かなかったことが判明。着地の衝撃で舞い上がった砂粒が採取された可能性に望みをつないで、２０１０年６月の地球帰還をめざすことに……。帰路も困難な道のりでした。姿勢制御装置の故障に加えて、補助エンジンの使用不能、バッテリーの故障など、はやぶさは満身創痍《まんしんそうい》。探査チームは、この困難を創意工夫で乗り越えました。２００９年11月には、最後の頼みの綱だった電気推進エンジンが寿命で停止。万事休すと思われましたが、４基あるエンジンの利用可能な装置を組みあわせる〝裏技〟で再稼働しました。

ついに２０１０年１月、はやぶさは地球引力圏を針路にとらえました。段階的に軌道を修正。６月13日夜、はやぶさは高度７万キロメートルで、着陸カプセルの分離に成功。試料容器が入ったカプセルはほぼ完全な状態で回収されました。オーストラリアから神奈川県相模原市のＪＡＸＡ「惑星物質受け入れ施設」へと運ばれた試料容器には、複数個の微粒子が入っていました。

◆太陽系探査の可能性ひらく

はやぶさが、宇宙探査史上初めて地球圏外の天体との往復飛行を達成したことは、将来の太陽系探査の可能性を一気に広げました。

これまで、宇宙から飛来する隕石は数多く研究されてきました。しかし天体から直接採取した試料は、どこから採ってきたかが明確で、地球大気などにさらされていない点で、大きな価値があります。

人類が宇宙から初めて持ち帰った物質は約40年前のアメリカのアポロ計画や旧ソ連のルナ計画による月の石で、月に火山活動があったことを明らかにしました。2006年に彗星のちりを回収したアメリカのスターダスト探査機は、太陽系誕生当時、固体粒子が外縁部に広がっていた証拠を見つけました。

小惑星は、太陽系の過去の状態をよくとどめているため〝太陽系の化石〟とも言われます。はやぶさの初挑戦に続く今後の探査では、有機物を多く含む小惑星や、木星近くの古いタイプの小惑星、活動を終えた「枯渇彗星核」などから試料を持ち帰ることで、惑星や生命の起源の謎の解明がさらに進むと期待されます。

探査チームの技術者たちの活躍も大きなものがありました。人類初の挑戦で試行錯誤しながら、臨機応変に困難を一つひとつ乗り越えて技術を磨きました。こうした技術を途切れさせることなく、次世代に引き継ぐことが大切です。

幾多の困難の中にあって、あらゆる可能性を想定しながら、やるべきことをやり尽くして計画を完遂した探査チームに、多くの人々が拍手を送りました。はやぶさの冒険は、私たち一人ひとりに、挑戦する勇気や感動をも与えてくれた気がします。

（中村　秀生）

はやぶさ2、小惑星へ 海と生命の起源を探る

　２０１４年12月に地球から旅立った宇宙航空研究開発機構（ＪＡＸＡ）の小惑星探査機「はやぶさ2」が、順調に飛行を続けています。翌２０１５年の冬には地球に再接近し、そのとき地球重力を利用した加速「スイング・バイ」を実施。一気に軌道を変え、そこから一路、目標の小惑星へ向かっています。２０１８年夏に小惑星に到着した後、1年半ほど近傍から観測したり、着陸して表面物質の採取を試みます。地球帰還は２０２０年末です。

　２００５年、初代はやぶさの小惑星イトカワへの離着陸ミッションを、管制室のあるＪＡＸＡ相模原キャンパスで取材し、失敗かと思えば成功していたりその逆もあったり……、手に汗を握りながら見守ったことを思い出します。満身創痍で２０１０年に地球に帰還したドラマは、映画にもなりました。月以外の天体に離着陸し地球との往復飛行を成し遂げたのは宇宙探査史上初めてであり、人類は小惑星物質を初めて手にしました。

　その後継機はやぶさ2は、どんな新しい挑戦をするのでしょうか。探査チーム責任者の國中均《ひとし》ＪＡＸＡ教授は、①太陽系の起源と進化、生命の原材料の探求に肉薄するデータを得る、②日本独自の宇宙探査技術を継承・発展させる、③人類の活動域を宇宙に拡大する――という三つの任務を掲げています。

◇衝突装置で人工クレーター

　はやぶさ2がめざすのは、イトカワとは違うタイプの小惑星「リュウグウ」。球形に近く、大きさは９００メートル程度。火星と地球の軌道に接するような楕円軌道を描き、約４７４日かけて太陽を周回しています。

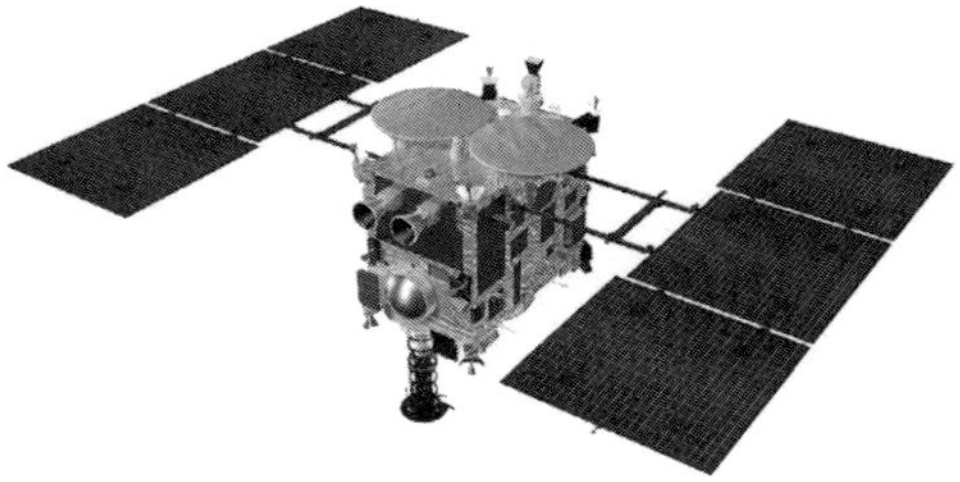

2014年12月に地球から旅立った小惑星探査機「はやぶさ２」のCG画像（JAXA 提供）

小惑星の多くは、衝突・合体でドロドロに溶けた経験をもつ惑星や月とは違って、太陽系誕生初期の環境をタイムカプセルのようにとどめていることから〝太陽系の化石〟とも呼ばれています。表面の色（表面物質の組成に対応する）の違いでいくつかのタイプに分けられ、イトカワは「S型（ケイ素質）小惑星」に分類されています。イトカワ物質の分析によって、太陽系で最初に生まれた天体の大きさが10メートル以上あったことや、天体表面が太陽風や宇宙線などによって黒っぽく〝日焼け〟するメカニズムがわかってきました。

はやぶさ2がめざすリュウグウは、鉱物の中に有機物や水を多く含む「C型（炭素質）小惑星」に分類されています。C型小惑星は、S型よりも始原的（太陽系初期の情報を多く保っている）だと考えられています。C型は小惑星帯（火星と木星の間）の比較的外側に多く分布し、地球に接近するリュウグウは例外的存在。格好の探査ターゲットです。

はやぶさ2は、C型小惑星の物質を持ち帰ることで、生命を育む地球の海がどうやってできたのか、生命の材料となる有機物が太陽系の歴史でどのように進化したのか、という大きな謎に迫ります。搭載する観測装置は、水や有機物を含む鉱物を調べる目的に最適化しました。

今回の探査の〝目玉〟は、人工クレーターの形成です。表面物質だけでなく、宇宙風化の影響の少ない地下の物質を採取するため、衝突装置を搭載。直径数メートルのクレーターをつくって、露出した地下の物質を採取する計画です。この挑戦には高度な着陸技術が必要で、初代はやぶさの「降りられる所に降りる」というものから、「降りたい所に降りる」技術に発展させると、探査チームは意気込んでいます。

◇宇宙観ぬりかえる発見を

はやぶさ2の開発では、はやぶさの姿勢制御装置の故障や燃料漏れ、通信途絶などの苦い経験を踏まえて、より確実な技術へと機体の改良を進めてきました。エンジンの推進力をアップし、通信も大容量化しました。今度は「何事もなく帰ってくる」ことが課せられた使命です。また、はやぶさが投下に失敗した小型着陸ロボットによる探査に再挑戦し、微小重力環境での移動技術を実証します。ドイツ・フランスを中心としたチームが開発した小型着陸機は顕微カメラなどを搭載しており、小惑星表面の詳細なデータを取得します。

はやぶさが２００５年に訪れたイトカワ。ごつごつした岩だらけで着陸適地が見つからないという、探査チームの想像を超えた世界がそこにありました。はやぶさ2は、太陽系のさまざまな領域へ自由自在に訪れ地球に帰る航行技術を磨きます。人類未到の地へ降り立ち、私たちの宇宙観をぬりかえることを期待したい。

國中さんは、打ち上げ後の会見で述べました。「小さな舟で宇宙の大海原に漕ぎ出そうとしている。6年間、深宇宙の航海が続くが、厳しいものが待ち受けているだろう。必ずや地球に戻ってくる」

往復6年、航行距離52億キロメートルの長い旅路は始まったばかりです。

（中村　秀生）

スペースシャトル引退 30年間の「光と影」

2011年7月21日、アメリカ航空宇宙局（NASA）のスペースシャトル「アトランティス」が飛行を終え、夜明け前のケネディ宇宙センターに着陸しました。30年に及ぶスペースシャトル計画は幕を下ろしました。長い旅路には光と影の両面がありました。

最後の任務は、国際宇宙ステーション（ISS）に水や食料、人工衛星の燃料補給の実験装置を運ぶことでした。地球に帰還する前、クリス・ファーガソン船長はこう語りました。「今やISSは実用の時代に入ったが、ISSの創造にスペースシャトルが果たした役割を、我々は決して忘れることはないだろう」

人類史上初の宇宙往還機、スペースシャトル「コロンビア」の初飛行は1981年4月12日。2日後、宇宙から滑空して地上に着陸した姿は、宇宙開発の新時代の到来を告げました。コロンビアに続き、チャレンジャー、ディスカバリー、エンデバー、アトランティスの5機が、30年間に355人の宇宙飛行士（のべ852人）を乗せて135回飛び立ちました。

スペースシャトルは、飛行士を運べるだけでなく、大きな貨物室をもつ〝宇宙貨物船〟です。最も重い荷物はX線天文衛星「チャンドラ」で約25トンでした。ISS建設では37回、実験棟や観測装置、ロボットアーム、補給品などを運搬しました。

地球を周回する軌道からの打ち上げ機能もあり、金星探査機などを送り出しました。また、宇宙で観測・実験を終えた装置を回収して地上に持ち帰ったり、軌道上で人工衛星を修理する離れ業にも成功しました。

◆繰り返された悲劇

一方、負の遺産として宇宙開発史に刻まれる悲劇も。１９８６年にチャレンジャー号が打ち上げ直後に爆発し、２００３年には宇宙から帰還中のコロンビア号が大気圏で空中分解。計14人の飛行士が犠牲になりました。２００５年にはディスカバリー号の打ち上げ時に機体の断熱材が落下。野口聡一飛行士らによる軌道上での船外修理で無事に地球帰還できましたが、危機一髪の事態でした。技術的な問題点にくわえ、予算削減や過密な打ち上げ計画などが事故の背景にあったと指摘されています。

スペースシャトルは、アメリカ国防総省の軍事機密ミッションにも数多く関わりました。ミサイル発射を探知する「早期警戒衛星」や偵察衛星など、軍事衛星を多数打ち上げたとみられています。軍事利用への懸念の声は計画当初からありました。科学・実用ミッションより軍事ミッションが優先されるなど、科学・技術の進歩に暗い影を落としています。

経済性にも疑問符がつきました。当初、繰り返し飛べるスペースシャトルは、使い捨てロケットよりコスト低減が期待されましたが、１回の打ち上げは7・8億ドル、計画の総額は１１３７億ドル（1ドル＝１００円換算で11兆円超）にのぼりました。

コロンビア号事故の翌２００４年、アメ

最後のスペースシャトル「アトランティス」の打ち上げ（上、２０１１年7月8日、ケネディ宇宙センター）。**下は、軌道上でハッブル宇宙望遠鏡を修理する宇宙飛行士。手前がスペースシャトル「エンデバー」**＝１９９３年（ＮＡＳＡ提供）

リカのブッシュ大統領はスペースシャトル計画の中止を決定。ＩＳＳ建設計画も大幅に縮小しました。

◇人類知識の地平を広げた

スペースシャトル引退で、当面、ＩＳＳに飛行士を運べるのはロシアの宇宙船「ソユーズ」だけです。物資の輸送は日本の補給船「こうのとり」や欧州の「ＡＴＶ」に頼ることになります。後継機開発の見通しも不透明で、課題を残しています。

しかし、スペースシャトルが科学の進歩に大きく貢献したことは間違いありません。その象徴がハッブル宇宙望遠鏡の活躍です。１９９０年、ディスカバリー号で打ち上げられたハッブル望遠鏡は、不具合や故障による性能低下や観測不能のピンチに見舞われましたが、軌道上での5回の修理で乗り越え、様々な天体の画像を今も地球に送り続けています。

アメリカの天文学者エドウィン・ハッブル（1889〜1953年）は、地上の巨大望遠鏡による観測で、遠くの銀河ほど速いスピードで遠ざかっていることを発見し、宇宙が膨張していることをつきとめました。それは、人類の宇宙観を覆したビッグバン宇宙論につながる発見でした。その名にちなんだハッブル望遠鏡は、彼の死から半世紀たった今、宇宙初期の銀河の観測や宇宙の膨張速度の精密測定で成果をあげています。

ハッブルは当時の発見について著書で次のように述べています。「それはずっと昔に始まった研究の積み重ねの成果である。天文学の歴史は地平線の後退の歴史である。知識は打ち寄せる波のように広がる」（『銀河の世界』１９９９年、岩波書店）。スペースシャトルもまた、人類知識の地平を広げ荒波を航海した偉大な宇宙船でした。

（中村　秀生）

太陽系の果てとボイジャー1号

アメリカ航空宇宙局（NASA）が35年前に打ち上げた探査機「ボイジャー1号」が太陽系の果てへ到達したか否かをめぐって、これまで議論が行われていました。

NASAは2012年6月22日、ボイジャー1号は果てに近づいていると発表。これに対してアメリカ・ジョンズホプキンス大学などの研究グループは科学誌『ネイチャー』（2012年9月6日号）に発表した論文で「まだそこまで到達していない」と反論したのです。

太陽系は、太陽とその周りを回る地球を含む8個の惑星のほか、火星と木星の間に散らばるたくさんの小惑星、そして最遠の惑星、海王星の外側の準惑星冥王星や彗星のもととなる小天体などからなるエッジワース・カイパーベルト天体、その外側の、やはり彗星のふるさとといわれるオールトの雲などから成り立っています。

◇太陽から180億キロかなたに

さらに、その外側に広がる空間は、太陽から噴き出す太陽風がほかの恒星との間に存在する星間物質などと衝突して減速される「末端衝撃波面」、速度が遅くなった太陽風と星間物質が混ざり合う「ヘリオシース」、さらに太陽風と星間物質が完全に混ざり合う「ヘリオポーズ」に分けられています。ヘリオポーズが太陽系の果てと考えられていますが、それがいったいどこにあるのかはっきりとはわかっていません。

ボイジャー1号は、地球から遠く離れた木星、土星、天王星、海王星を観測するため、1977年に同型のボイジャー2号と前後して打ち上げられました。1979年に木星とその衛星に、1980年に土星とその衛星に接近し、鮮明な画像を

太陽系の果てをめざして飛行するボイジャー1号の想像図（NASA 提供）

送ってきました。その画像をもとに、木星の衛星イオに火山活動があることや、土星の輪が考えられていた以上に複雑な構造をしていることなどが明らかになりました。

木星、土星に続いて天王星と海王星を目指したボイジャー2号と異なり、土星の観測を終えたボイジャー1号は進路を変更し、一路、太陽系からの脱出を目指して飛行を続けています。2005年に太陽から約90天文単位（1天文単位は太陽と地球の距離で約1億5000万キロ）、約135億キロのところで人工の物体として初めて末端衝撃波面を通過し、ヘリオシースを飛行しています。ボイジャー1号の現在の位置は太陽から約120天文単位（約180億キロ）離れたところと推定されています。これまでで太陽から最も遠いところに到達した人工の物体です。

NASAは、ボイジャー1号が太陽系の果てに到達したとした根拠の一つとして、ボイジャー1号で観測している宇宙線の数が急激に増加したことをあげました。ボイジャー1号の搭載している観測装置に当たる宇宙線の数は、2009年1月から2012年1月の3年間に25％と徐々に上昇していましたが、2012年5月7日からの1週間に5％、1カ月で9％と急激な上昇を示しました。

宇宙線は、銀河系内の超新星などからやってきた高エネルギーの放射線です。一方、太陽からは太陽風と呼ばれる、電離した粒子が噴き出しています。太陽風はほかの恒星との間の星間空間に存在する星間物質などと衝突して行く手を阻まれ、そこにヘリオポーズが形成されます。ヘリオポーズでは、太陽風が弱まったり、向きが変わったりする一方、宇宙線が多くなります。NASAは、ボイジャー1号で観測した宇宙線の数の急激な上昇は、同機がヘリオポーズ、つまり太陽系の果てに到達したことを示すものとみました。

◆宇宙線と太陽風の観測から

ジョンズホプキンス大学の研究グループの反論も、ボイジャー1号自身の観測結果にもとづいています。ボイジャー1号には、2011年3月以来、2カ月に1度、向きを変える指示が送られていました。ヘリオポーズに近づくにつれて、それまで太陽方向から来ていた太陽風の流れが変化するのをとらえるためです。しかし、ジョンズホプキンス大学の研究グループがこれまで5回行われた向きを変えての観測結果を解析した結果、太陽風の流れの変化を示す兆候は得られなかったといいます。この観測結果をもとに、ジョンズホプキンス大学の研究グループは、ボイジャー1号はまだ太陽系の果てに到達していないと判断したのです。

しかしその後、ボイジャー1号は、どうやら2012年8月には太陽系を脱出していたらしいことがわかりました。アメリカ・アイオワ大学などの研究グループが、ボイジャー1号から送られてきたデータを解析した結果、その事実が明らかになったとアメリカ科学誌『サイエンス』（9月12日付）に発表。NASAも公式に認めました。

ボイジャー1号の現在の位置は、太陽と地球の間の距離の約127倍に相当する、太陽から190億キロメートルかなた。人工の物体としては初めて星間空間を飛行することになったボイジャー1号が今後どんなデータを送ってくるのか、興味は尽きません。

（間宮　利夫）

「宇宙線」発見から1世紀
解き明かされる故郷

「うちゅうせん」と聞くと、「宇宙船」を思い浮かべる人が多いと思いますが、今回は「宇宙線」の故郷をめぐる長年の謎の話題です。

宇宙線とは、ほぼ光速で宇宙を飛び交う高エネルギー粒子のことで、地球にも絶えず降り注いでいます。しかし、人類がその存在に気づいたのは20世紀初頭のことです。

１９１２年、オーストリアの科学者ビクトール・ヘス（１８８３〜１９６４）は、気球に載せた観測装置で、上空に行くほど強い放射線が検出されることをつきとめました。宇宙からの放射線、つまり「宇宙線」の発見です。当初は正体も不明で、本当に宇宙から来ているのか疑う研究者もいました。その後の研究の進展で、宇宙線の90％が陽子（水素の原子核）、９％がヘリウムなどの原子核、１％が電子だと判明しています。

宇宙線には、太陽を起源とする「太陽宇宙線」と、太陽系外から地球に到達する「銀河宇宙線」があります。太陽宇宙線はフレア爆発による強い磁場で粒子が加速されたものです。

では、いったい銀河宇宙線はどこで加速されるのか。その有力候補が、重い星が一生を終えるときの「超新星爆発」です。爆発の噴出物が超音速で広がって衝撃波をつくり、粒子が衝撃波で何度も跳ね返されることによって加速され、高エネルギーの宇宙線になる――という仮説が早くから提唱されてきました。

しかし、この理論を裏づける観測は長年の課題でした。というのも、電荷をもつ粒子は磁場で進路を曲げられるからです。銀河宇宙線は数千万年もかけて銀河系内をあちこちさまよった末に地球に到達します。だから地球で観測しても、どこから粒子が来たのかはわからないのです。

◇天文衛星と惑星探査機が発見

２０１３年２月、日本も参加する天文観測と惑星探査の研究チームが、宇宙線の起源の謎をめぐる画期的な成果を相次いで発表しました。

ガンマ線天文衛星「フェルミ」は超新星爆発によって陽子が加速されている現場をとらえました。観測したのは、地球から数千光年の距離にある２つの「超新星残骸」。爆発の衝撃波が周囲に広がりながら輝いている天体で、いずれも爆発から数万年後の姿。磁場で進路を曲げられないガンマ線で観測しました。

４年間の観測で、加速された陽子が周囲の物質と衝突していることを示す決定的証拠をつかみました。衝突で生成される、中性の「パイ中間子」が崩壊したときの特徴的なデータが得られたのです。観測チームの田中孝明・京都大学助教は「長年の仮説が実証できた。宇宙線の発見以来、宇宙物理学者が待ち望んできた成果だ」と強調。超新星の周囲の環境によって加速のされ方がどう違うのかなど、さらに解明を進めます。

一方、電子については、超新星爆発による加速の観測的証拠が、１９９０年代に活躍した日本のＸ線天文衛星「あすか」によって得られていました。ところが、加速メカニズムをめぐっては大きな謎が残されていました。

ガンマ線天文衛星「フェルミ」の想像図（ＮＡＳＡ提供）

荷電粒子の加速には、磁場の効果が重要な役割を果たします。ただ、遠方で起こる超新星爆発の衝撃波について磁場の詳細な情報を得るのは困難。そのため太陽系内で起こる衝撃波を、探査機で「その場観測」する研究が進んできました。しかし従来の観測結果は「弱い衝撃波のもとでは、電子加速のメカニズムがスイッチ・オンされない」というもので、研究者の頭を悩ませてきました。

今回、土星探査機「カッシーニ」が、太陽風が土星の磁気圏に衝突して生じた、きわめてまれな強い衝撃波を観測することに成功。超新星爆発のような強い衝撃波であれば、電子加速が起こる条件が整い、実際に電子がほぼ光速まで加速されることを観測で実証したのです。

カッシーニ探査機は、新たな疑問も投げかけました。今回の結論は「磁場がなければ加速はないが、高いエネルギーを得るためには磁場は弱いほどよい」という不思議なことを示唆。研究チームの藤本正樹・宇宙航空研究開発機構（ＪＡＸＡ）教授は「磁場の効果を理解するのは一筋縄ではいかない」と指摘します。

◆素粒子物理学にも大きな足跡

宇宙線は〝素粒子反応の天然の実験場〟としても物理学に足跡を残しました。湯川秀樹（１９０７～１９８１）が予言した「湯川中間子」は宇宙線から発見されました。加速器実験が主流の１９７１年にも、丹生《にう》潔《きよし》・名古屋大学名誉教授が宇宙線の中に「チャーム粒子」を初めてとらえました。

現在、銀河系のさらに外側からくる超高エネルギーの宇宙線（加速源の有力候補は巨大ブラックホール）の謎の探究も進められています。宇宙線の発見から１世紀、まだまだ未到の領域は広がっています。

（中村　秀生）

南極の氷の瞳がとらえた遠方宇宙の〝幽霊粒子〟

宇宙の彼方からやってきたと思われる高エネルギーの素粒子ニュートリノを、史上初めてとらえた――。２０１３年の秋、千葉大学の吉田滋准教授らが参加する国際観測チームが発表しました。検出に成功した「アイスキューブ・ニュートリノ天文台」は、〝幽霊粒子〟の異名をもつニュートリノ探索のためにつくられた巨大な観測装置。なんと、南極の氷の中に設置されています。

ニュートリノは宇宙に満ち満ちているものの、物質とほとんど反応せず、あらゆるものを素通りしています。私たちの体にも毎秒、何兆個ものニュートリノが突き抜けているというのですから、身近にして縁遠い存在です。そんなニュートリノもごくたまに物質と反応し、その痕跡を残すことがあります。それをとらえるためには、できるだけ大量の物質を監視することが肝心です。

アイスキューブは、南極点直下の分厚い氷の深さ約１・５～２・５キロメートル、１辺５００メートルの六角柱の領域に、縦穴を掘って５１６０個の光検出器を並べたもの。水分子を構成する電子と、ニュートリノとが、ごくまれに衝突した際に発生する微弱な光（チェレンコフ光）を検出します。岐阜県の神岡鉱山の地下に5万トンの水タンクを蓄えた「スーパーカミオカンデ」とほぼ同じ原理ですが、水（氷）の容量は2万倍もあるので、到来する数が少ない高エネルギーのニュートリノの検出機会に恵まれています。

◇太陽系外からの到来は1例

ニュートリノの発生源はさまざまです。宇宙から降り注ぐ宇宙線が地球大気に衝突したときの反応で生じる「大気ニュートリノ」、地球内部でウランなどの放射性元素の崩壊によって生じる「地球ニュートリノ」のほか、原子炉での核分裂で生じる「原子炉ニュートリノ」など人工的につくられたものもあります。

一方、地球外に起源をもつものでは、太陽中心部の核融合で生成する「太陽ニュートリノ」と、重い星が一生を終えるときの超新星爆発による「超新星ニュートリノ」が観測されています。太陽ニュートリノを検出したアメリカのレイモンド・デイビス博士と、スーパーカミオカンデの先代「カミオカンデ」で1987年に銀河系の隣のマゼラン雲内で起きた超新星ニュートリノをとらえた東京大学の小柴昌俊博士は、ともに「宇宙ニュートリノの検出にパイオニア的貢献をした」として2002年のノーベル物理学賞を受賞しました。これまでに人類がとらえた太陽系外起源のニュートリノであることが確実なものは、カミオカンデがとらえた1例しかありません。

アイスキューブは、さらに高エネルギーの宇宙ニュートリノ検出をめざして2011年に本格稼働。その起源として考えられている天体現象の候補は、「活動銀河核」と呼ばれる巨大ブラックホールの激しい活動や、謎の爆発現象「ガンマ線バースト」などです。

実は、これらの天体から来て地球に降り注いでいるらしい高エネルギーの宇宙線は、これまでに観測されています。宇宙線とは、ほぼ光速で宇宙を飛び交う高エネルギー粒子のことで、水素やヘリウムの原子核が主です。これらの粒子は電荷をもっているために宇宙の磁場で進路を曲げられて、元の天体を出発した後もあちこちをさまよった末に地球に到達します。そのため、高エネルギー宇宙線の起源天体を特定することは困難で、長らく科学者たちの頭を悩ませてきました。

高エネルギーニュートリノは、高エネルギー宇宙線の起源と密接に関係することがわかっています。物質と反応しにくく電気的に中性なニュートリノは、遠方宇宙からも真っすぐに飛んでくるため、起源天体の位置や正体解明の手がかりとして期待されています。いわば、遠方宇宙の謎の天体現象から情報を運ぶメッセンジャーと言える存在です。

◇ニュートリノ望遠鏡の時代

アイスキューブ観測チームは、2年分のデータを解析。その結果、宇宙ニュートリノの候補と考えられる28事象をとらえていました。そのうち2事象は、カミオカンデがとらえた超新星ニュートリノの100万倍に相当する高エネルギーで、南天の別々の方角から到来していました。観測チームは、活動銀河核やガンマ線バーストなど、銀河系外にある超高エネルギー宇宙線の放射天体の可能性が有力だとみています。

解析の中心メンバー、千葉大の石原安野《あや》特任助教は「地球上ではつくることのできない高エネルギー粒子が、宇宙のどこのどんな天体から、どのようなメカニズムでつくられているのかをつきとめたい」と話しています。光（電磁波）では観測できない宇宙を探る、ニュートリノ望遠鏡の時代の到来です。

（中村　秀生）

中村　秀生（なかむら・ひでお）
1969年生まれ、奈良県出身。京都大学工学部機械工学科卒業、経済学部中退。1995年から「しんぶん赤旗」記者。2005年から科学担当。現在、社会部科学班。

間宮　利夫（まみや・としお）
1953年生まれ、千葉県出身。東京都立大学大学院理学研究科修士課程修了。1986年から「しんぶん赤旗」記者。1989年から科学担当。現在、社会部科学班。

科学《かがく》の今《いま》を読《よ》む――宇宙《うちゅう》の謎《なぞ》からオートファジーまで

2016年11月25日　初　版

著　者　中村秀生
　　　　間宮利夫
発行者　田所　稔

郵便番号　151-0051　東京都渋谷区千駄ヶ谷4-25-6
発行所　株式会社　新日本出版社
電話　03（3423）8402（営業）
　　　03（3423）9323（編集）
info@shinnihon-net.co.jp
www.shinnihon-net.co.jp
振替番号　00130-0-13681
印刷・製本　光陽メディア

落丁・乱丁がありましたらおとりかえいたします。

ISBN978-4-406-06077-6　C0040　Printed in Japan